普通高等教育设计类专业“十四五”规划系列教材

Park

公园设计

Design

主　编　吴晓华　徐文辉
副主编　徐　斌　毕　晨
参　编　蔡梁峰　申亚梅
　　　　金敏丽　应　君

武汉理工大学出版社
WUHAN UNIVERSITY OF TECHNOLOGY PRESS

图书在版编目（CIP）数据

公园设计 / 吴晓华，徐文辉主编 . — 武汉：武汉理工大学出版社，2024.5
ISBN 978-7-5629-6839-9

Ⅰ . ①公… Ⅱ . ①吴… ②徐… Ⅲ . ①公园－园林设计 Ⅳ . ① TU986.2

中国国家版本馆 CIP 数据核字 (2023) 第 130004 号

公园设计
Gongyuan Sheji

责任编辑：杨 涛
责任校对：张明华
书籍设计：艺欣纸语
出版发行：武汉理工大学出版社
社　　址：武汉市洪山区珞狮路 122 号
邮　　编：430070
网　　址：http://www.wutp.com.cn
经　　销：各地新华书店
印　　刷：湖北金港彩印有限公司
开　　本：889×1194 1/16
印　　张：8
字　　数：456 千字
版　　次：2024 年 5 月第 1 版
印　　次：2024 年 5 月第 1 次印刷
定　　价：49.00 元

凡购本书，如有缺页、倒页、脱页等印装质量问题，请向出版社市场营销中心调换。
本社购书热线电话：027-87391631　87523148　87165708（传真）

前 言

吴晓华

2023年9月

城市公园是城市建设的主要内容之一，是城市生态系统、城市景观的重要组成部分，是满足城市居民的休闲需要，提供用于休息、游览、锻炼、交往，以及举办各种集体文化活动的场所。城市公园设计是风景园林、环境艺术设计等专业的一门重要的专业课，也是众多高校风景园林专业研究生入学考试的高频考点。

本书首先从公园的基本概念、公园的分类与发展历史入手，对公园的发展趋势进行了分析；其次对公园设计的规范与标准进行了解析；再次对公园设计的内容进行了阐述；最后，通过几组不同类型的公园设计教学案例，为读者提供了关于公园设计的更多思考。本书本着科学严谨、深入浅出、与时俱进三大原则进行编撰，尽可能地帮助读者进行公园设计的分析与思考，学习公园设计的主题表达、总体布局、专项设计以及图纸表现。

本书的总体设计及统稿由浙江农林大学的吴晓华负责，第一章由浙江农林大学的徐文辉编写，第二章由浙江农林大学吴晓华编写，第三章由浙江农林大学吴晓华、浙江广厦建设职业技术大学毕晨共同编写，第四章由浙江农林大学吴晓华、徐斌、蔡梁峰共同编写。浙江农林大学的申亚梅负责全书的校对与审核。本书在编写过程中还参阅了一些专著和教材，在此谨向相关作者致以衷心的感谢，同时也向为本书提供学生作业的浙江农林大学的金敏丽老师、应君老师及相关同学表示诚挚的谢意！

受编者学识所限，在编写方面存在不足之处，恳请广大读者和使用者批评指正。

目录

第一章　公园设计概述

扫码看本章彩色图片

第一节　公园的概念

公园是随着城市发展而兴起的一种城市公共绿地的形式。《公园设计规范》（GB 51192—2016）中对公园的定义为：公园是“向公众开放，以游憩为主要功能，有较完善的设施，兼具生态、美化等作用的绿地”，具有改善城市生态、防火、避难等功能；在《城市绿地分类标准》（CJJ/T 85—2017）条文说明中，“‘公园绿地’是城市中向公众开放的，以游憩为主要功能，有一定的游憩设施和服务设施，同时兼有健全生态、美化景观、科普教育、应急避险等综合作用的绿化用地。它是城市建设用地、城市绿地系统和城市绿色基础设施的重要组成部分，是表示城市整体环境水平和居民生活质量的一项重要指标。”因此，可以看出公园作为城市主要的公共开放空间，不仅是城市居民的主要休闲游憩活动场所，也是传播市民文化的场所和弘扬精神文明及开展科学知识教育的重要基地。它具有重要的生态价值、环境保护价值、保健休养价值、游览价值、文化娱乐价值、美学价值、社会公益价值与经济价值等多重价值，对城市社会、文化、经济、环境以及可持续发展等都有着非常重要的作用和意义。

第二节　公园的分类

按照国际惯例，公园可分为城市公园和自然公园两大类。其中，自然公园是指大规模的森林公园和国家公园（自然保护区）。随着城市绿地的发展和人们需求的变化，城市公园绿地出现了许多种类。尽管目前世界各国对城市公园还没有形成统一的分类系统，但是许多国家根据本国国情确定了自己的公园分类系统。

一、美国的公园分类

美国的公园分为以下12类：

①儿童游戏场。

②近邻运动公园/近邻休憩公园。

③特殊运动场：运动场、田径场、高尔夫球场、海滨游泳场、露营地等。

④教育休憩公园：动物园、植物园、标本园、博物馆等。

⑤广场。

⑥近邻公园。

⑦市区小公园。

⑧风景眺望公园。

⑨滨水公园。
⑩综合公园。
⑪保留地。
⑫林荫大道及花园路。

二、德国的公园分类

德国的公园分为以下8类：
① 郊外森林公园。
② 国民公园。
③ 运动场及游戏场。
④ 各种广场。
⑤ 有行道树的装饰道路（花园路）。
⑥ 郊外的绿地。
⑦ 运动设施。
⑧ 分区园。

三、日本的公园分类

日本公园的分类系统是以法律和法令的形式加以规定的，其中有《城市公园法》《自然公园法》《城市公园新建改建紧急措施法》《第二次城市公园新建改建五年计划》《关于城市公园新建改建紧急措施法及城市公园法部分改正的法律的实行》等法律、法规。日本公园的分类系统如表1-1所示。

表1-1 日本公园的分类系统

公园类型			设置要求
自然公园	国立公园		由环境厅长官规定的、足以代表日本杰出的景观的自然风景区（包括海中的风景区）
	国定公园		由环境厅长官规定的、次于国家公园的优美的自然风景区
	自然公园		由都、道、府、县长官指定的自然风景区
城市公园	居住区基本公园	儿童公园	面积0.25 hm^2，服务半径250 m
		近郊公园	面积2 hm^2，服务半径500 m
		地区公园	面积4 hm^2，服务半径1000 m
	城市基本公园	综合公园	面积10 hm^2 以上，分布均衡
		运动公园	面积15 hm^2 以上，分布均衡
	广域公园		具有休息、观赏、散步、游戏、运动等综合功能，面积50 hm^2 以上，服务半径跨越一个市、镇、村区域，设置均衡
	特色公园	风景公园	以欣赏风景为主要目的的城市公园
		植物园	配置温室、标本园、休养和风景设施
		动物园	动物馆及饲养场等，占地面积在20 hm^2 以下
		历史名园	有效利用、保护文化遗产，形成与历史时代相称的环境

四、中国的公园分类

目前我国的公园类型也很多。《城市用地分类与规划建设用地标准》（GB 50137—2011）将城市绿地分为3类，其中对公园绿地（G1）没有进行小类的划分（表1-2）；《城市绿地分类标准》（CJJ/ T 85—2017）（以下简称“绿地分类标准”）中根据各种公园绿地的主要功能和内容，将其分为综合公园、社区公园、专类公园、游园4个中类，其中专类公园分为6个小类（表1-3），与《城市用地分类与规划建设用地标准》（GB 50137—2011）相对应；自2019 年12月1日起实施的《城市绿地规划标准》（GB/T 51346—2019）与绿地分类标准完全对应；《公园设计规范》（GB 51192—2016）的规定基本上也与绿地分类标准的中、小类相对应。

表1-2 《城市用地分类与规划建设用地标准》（GB 50137—2011）的绿地分类

类别代码			类别名称	范　围
大类	中类	小类		
G			绿地与广场用地	公园绿地、防护绿地、广场等公共开放空间用地
	G1		公园绿地	向公众开放，以游憩为主要功能，兼具生态、美化、防灾等作用的绿地
	G2		防护绿地	具有卫生、隔离和安全防护功能的绿地
	G3		广场用地	以游憩、纪念、集会和避险等功能为主的城市公共活动场地

表1-3 《城市绿地分类标准》（CJJ/T 85—2017）的绿地分类

类别代码			类别名称	范　围	备　注
大类	中类	小类			
G1			公园绿地	向公众开放，以游憩为主要功能，兼具生态、景观、文教和应急避险等功能，有一定游憩和服务设施的绿地	
	G11		综合公园	内容丰富，适合开展各类户外活动，具有完善的游憩和配套管理服务设施的绿地	规模宜大于10 hm^2
	G12		社区公园	用地独立，具有基本的游憩和服务设施，主要为一定社区范围内居民就近开展日常休闲活动服务的绿地	规模宜大于1 hm^2
	G13		专类公园	具有特定内容或形式，有相应的游憩和服务设施的绿地	
		G131	动物园	在人工饲养条件下，移地保护野生动物，进行动物饲养、繁殖等科学研究，并供科普、观赏、游憩等活动，具有良好设施和解说标识系统的绿地	
		G132	植物园	进行植物科学研究、引种驯化、植物保护，并供观赏、游憩及科普等活动，具有良好设施和解说标识系统的绿地	
		G133	历史名园	体现一定历史时期代表性的造园艺术，需要特别保护的园林	
		G134	遗址公园	以重要遗址及其背景环境为主形成的，在遗址保护和展示等方面具有示范意义，并具有文化、游憩等功能的绿地	
		G135	游乐公园	单独设置，具有大型游乐设施，生态环境较好的绿地	绿化占地比例应大于或等于65%
		G139	其他专类公园	除以上各种专类公园外，具有特定主题内容的绿地。主要包括儿童公园、体育健身公园、滨水公园、纪念性公园、雕塑公园以及位于城市建设用地内的风景名胜公园、城市湿地公园和森林公园等	绿化占地比例宜大于或等于65%
	G14		游园	除以上各种公园绿地外，用地独立，规模较小或形状多样，方便居民就近进入，具有一定游憩功能的绿地	带状游园的宽度宜大于12 m；绿化占地比例应大于或等于65%
G2			防护绿地	用地独立，具有卫生、隔离、安全、生态防护功能，游人不宜进入的绿地。主要包括卫生隔离防护绿地、道路及铁路防护绿地、高压走廊防护绿地、公用设施防护绿地等	
G3			广场用地	以游憩、纪念、集会和避险等功能为主的城市公共活动场地	绿化占地比例宜大于或等于35%；绿化占地比例大于或等于65%的广场用地计入公园绿地
XG			附属绿地	附属于各类城市建设用地（除“绿地与广场用地”）的绿化用地。包括居住用地、公共管理与公共服务设施用地、商业服务业设施用地、工业用地、物流仓储用地、道路与交通设施用地、公共设施用地等用地中的绿地	不再重复参与城市建设用地平衡
	RG		居住用地附属绿地	居住用地内的配建绿地	
	AG		公共管理与公共服务设施用地附属绿地	公共管理与公共服务设施用地内的绿地	
	BG		商业服务业设施用地附属绿地	商业服务业设施用地内的绿地	
	MG		工业用地附属绿地	工业用地内的绿地	
	WG		物流仓储用地附属绿地	物流仓储用地内的绿地	
	SG		道路与交通设施用地附属绿地	道路与交通设施用地内的绿地	
	UG		公用设施用地附属绿地	公用设施用地内的绿地	

续表1-3

类别代码			类别名称	范　围	备　注
大类	中类	小类			
EG			区域绿地	位于城市建设用地之外，具有城乡生态环境及自然资源和文化资源保护、游憩健身、安全防护隔离、物种保护、园林苗木生产等功能的绿地	不参与建设用地汇总，不包括耕地
	EG1		风景游憩绿地	自然环境良好，向公众开放，以休闲游憩、旅游观光、娱乐健身、科学考察等为主要功能，具备游憩和服务设施的绿地	
		EG11	风景名胜区	经相关主管部门批准设立，具有观赏、文化或者科学价值，自然景观、人文景观比较集中，环境优美，可供人们游览或者进行科学、文化活动的区域	
		EG12	森林公园	具有一定规模，且自然风景优美的森林地域，可供人们进行游憩或科学、文化、教育活动的绿地	
		EG13	湿地公园	以良好的湿地生态环境和多样化的湿地景观资源为基础，具有生态保护、科普教育、湿地研究、生态休闲等多种功能，具备游憩和服务设施的绿地	
		EG14	郊野公园	位于城区边缘，有一定规模，以郊野自然景观为主，具有亲近自然、游憩休闲、科普教育等功能，具备必要服务设施的绿地	
		EG19	其他风景游憩绿地	除上述外的风景游憩绿地，主要包括野生动植物园、遗址公园、地质公园等	
	EG2		生态保育绿地	为保障城乡生态安全，改善景观质量而进行保护、恢复和资源培育的绿色空间。主要包括自然保护区、水源保护区、湿地保护区、公益林、水体防护林、生态修复地、生物物种栖息地等各类以生态保育功能为主的绿地	
	EG3		区域设施防护绿地	区域交通设施、区域公用设施等周边具有安全、防护、卫生、隔离作用的绿地。主要包括各级公路、铁路、输变电设施、环卫设施等周边的防护隔离绿化用地	区域设施指城市建设用地外的设施
	EG4		生产绿地	为城乡绿化美化生产、培育、引种试验各类苗木、花草、种子的苗圃、花圃、草圃等圃地	

以绿地分类标准（表1–3）为参照，有以下几个概念易混淆：

（1）根据绿化占地比例区分公园绿地和广场用地。广场用地绿化占地比例宜大于或等于35%，绿化占地比例大于或等于65%的广场用地计入公园绿地。换句话说，广场用地绿化占地比例应介于35%～65%之间。

（2）城市建设用地内的风景名胜公园、城市湿地公园和森林公园属于公园绿地中的专类公园；而城市建设用地外的风景名胜区、森林公园、湿地公园和郊野公园属于区域绿地中的风景游憩绿地。根据在城市建设用地内或城市建设用地外，区分二者。由于所属绿地类别不同，相应规划标准也有差别。

第三节　公园的演变历史

城市公园产生于19世纪，作为当时社会改革的一项重要举措，它的出现是为了减轻城市污染的不利影响，提高城市居民的生活质量。这种为城市本身及城市居民服务的开放型园林一出现便展现出蓬勃的生命力，从19世纪的欧美城市公园运动开始，经历了早期的实验探索、中期的现代风格形成到现今的多元化发展，令人目不暇接。其发展过程中不断探索、反复尝试的经验教训、发展趋势值得我们关注和借鉴。

现代城市公园是在传统园林的基础上产生的，但它的形式、内容都有别于传统园林。它既有对生态浪漫主义一如既往的执着追求，但作为现代文化的一部分，其内容、布局、风格又有较大范围的拓展，呈现出丰富、多元的发展态势（图1–1）。

一、西方现代公园发展历程简介（1850年至今）

18世纪，英国部分皇家园林定期向公众开放，允许市民进入游玩，以改善城市的卫生环境问题。1835年，英国伦敦的皇家花园摄政公园（Regent Park）正式对公众开放。1843年，世界园林史上的第一个城市公园——英国利物浦的伯肯海德公园（Birkenhead Park）建成。19世纪下半叶，欧洲、北美的“公园运动”（Park Movement）掀起第一次城市公园建设高潮，并影响到中国和日本；1880年，美国波士顿利用河流、泥滩、荒草地等自然地物，形成60～450 km宽的带状绿带，突破城市方格网的限制，将数个公园连成一体；1935年，莫斯科市政建设总体规划在城市用地外围建立10 km宽的“森林公园带”；1944年，大伦敦规划环绕伦敦形成一道宽8 km的绿带（1955年宽度增加至9～16 km）；“二战”后，城市公园建设进入第二个高潮。

在城市“公园运动”之前，只有小广场和公共花园充当公共开放空间的角色。小广场常常是道路交叉口四周的小块绿地；公共花园的形式还是采用私家花园设计的传统手法，即种类丰富的植物、绚丽的花坛、小巧精致的水池和喷泉。而这种小规模使得其本身的发展受到限制，只能尽可能地精细，不可能觅到开阔宁静的旷野感，也不能使久居闹市的居民得以真正解脱；相反，位于郊区的墓园却更能吸引人们前往。为了顺应这种社会需求，也出于政治需要，政府为市民修建公益性园林的公园运动在美国各大城市如火如荼地开展起来。

最有影响的城市公园是1856年在美国纽约市中心修建的中央公园（Central Park），它是为了解决大城市环境恶化问题，改善居民生活环境，由美国城市公园运动的发起者——奥姆斯特德（Frederick Law Olmsted）和另一位风景园林设计师沃克斯（Calbert Vaux）设计建造的，是纽约最大的都市公园，也是纽约第一个完全以园林学为设计准则建造的公园。中央公园位于纽约曼哈顿中心部位，面积约340 hm^2，占150个街区，公园中有总长93 km的步行道、9000多张长椅和6000多棵树，园内设有动物园、运动场、美术馆、剧院等各种设施，每年吸引多达2500万人次进出（图1–2）。

奥姆斯特德曾周游欧洲各国，推崇英国自然风景式园林。他所设计的纽约中央公园有以下特点：

（1）既生长于城市中，又置身于城市外

这看似矛盾的关系其实就代表了市民一方面或主观或客观地被城市所吸引，离不开城市的生活方式；另一

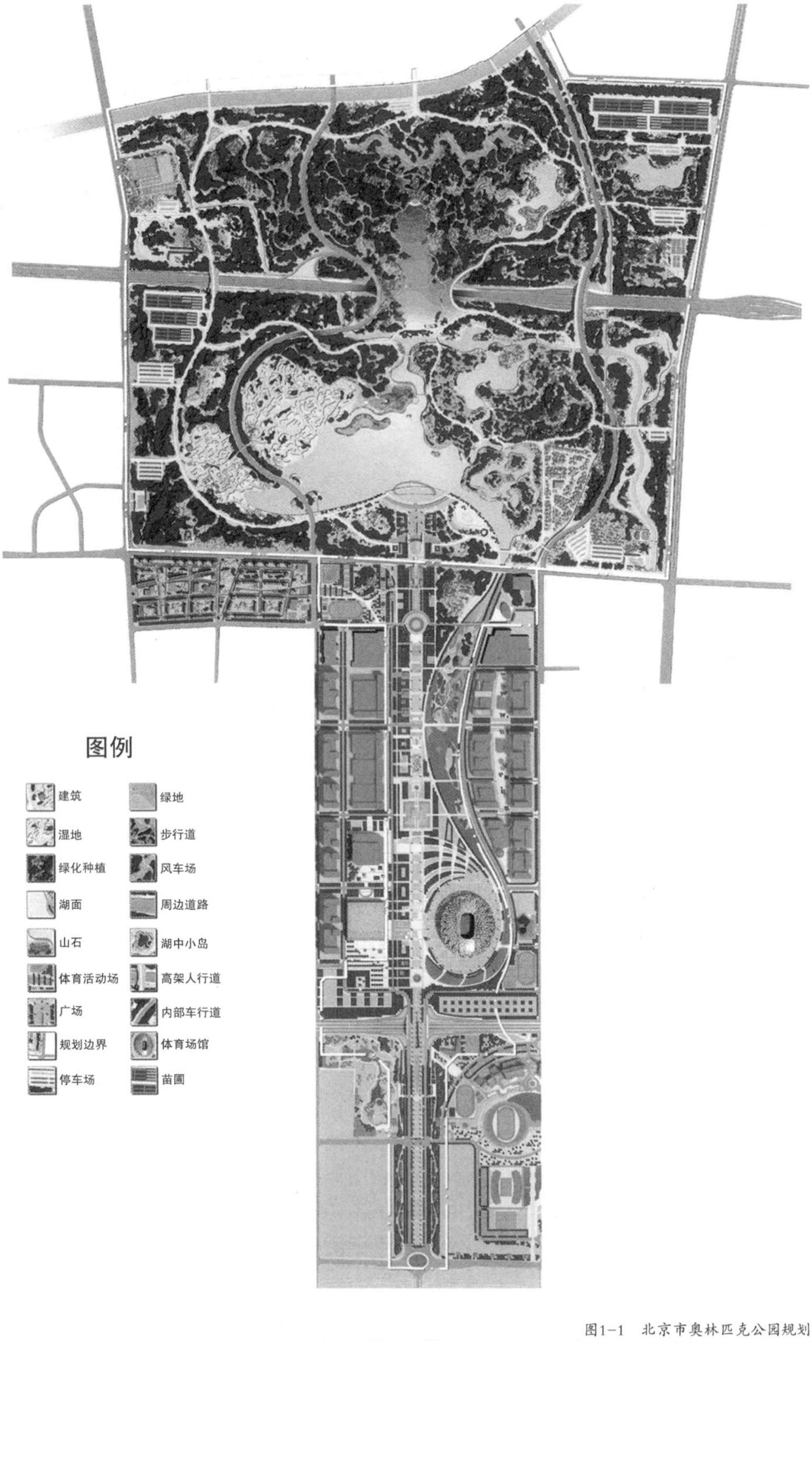

图1-1 北京市奥林匹克公园规划图

图1-2　美国纽约中央公园

方面又厌倦一些城市问题带来的紧张、冷漠、晦暗的感受与情绪，渴望逃离。作为都市中的绿洲，中央公园极大地改善了城市生态环境；同时，公园位于市区，便于市民前往，使用率很高；边界处以乔、灌木形成绿色屏障，隔绝城市的喧嚣，使进入公园的人们瞬间感觉由城市到了郊野，身心得以放松。

（2）保护自然环境，形成良好的生态系统

利用原有地形地貌，开挖水池，采用当地树种，进行大面积绿化，丰富树的种类，形成较好的生态环境，使之具有较强的自我调控功能。

（3）布局为自然风景式

总体布局为自然风景式，虽然公园形状为规整的狭长方形，但是园林周边以形态自然的树林过渡到广阔的草坪，水池连绵、坡地起伏，全园道路系统均为曲线，因形就势，随景观变化。

尽管19世纪公园在城市中大量出现，北美的城市公园运动也在继承欧洲传统园林的基础上形成了具有一定自身特色的园林，但是业界普遍认为城市公园运动在继承传统以及拓展园林功能与类型上的作用要比在开拓园林新形式上的作用大得多。这一时期的城市公园常常以折中主义的混杂风格为主，并未形成新的风格。

真正使西方园林形成有别于传统的造园风格的是20世纪初西方的新艺术运动及其引发的现代主义浪潮。新艺术运动倡导艺术由写实性走向抽象性，当然这一运动在建筑界的影响要大得多，对小规模的庭院设计也产生了较大影响，有些学者甚至认为，与文学艺术对建筑设计的影响相比，现代主义对风景园林几乎没有深远的影响。这大概与公园本就追求生态浪漫主义，眷恋如画风格的特点有关。但是客观地看，现代主义确实为园林开辟了新的形式，使其走出了传统的天地，形成了自由的平面与空间布局、简洁明快的风格以及丰富的设计手法。

现代园林设计由20世纪初的萌芽到当代的成熟与丰富，形成了融功能、空间组织、形式创新为一体的风格，并且其发展道路越走越宽。现代主义、历史或文脉主义、极少主义、隐喻与象征、拼贴裂解等都为现代园林所接受和容纳，呈现了前所未有的自由性与多元化。

二、中国现代公园发展历程简介（1840年至今）

中国园林发展源远流长，魏晋南北朝时期便出现了“公园”一词，一些文人在城市近郊风景名胜区进行聚会宴饮等活动，平民百姓则更多聚集于具有公共性质的寺观园林。隋唐公共园林曲江池、乐游原最为有名，宋代皇家御苑琼林苑和金明池定期向百姓开放，苏东坡等文官亦热衷于修筑公共园林。但古代有“公园”之称的园林在性质、内容、形式上与现代城市公园均有巨大的差异。学界普遍认为中国具有现代意义的公园是从1840年鸦片战争开始，中国沦为半殖民地半封建社会后列强在各自的租界或公共租界建设的公园。如在上海租界内，建造了黄浦公园、复兴公园、虹口公园、极司菲尔公园、汇山公园等多处公园，其他如广州市、天津市、武汉市等沿江、沿海城市也都在租界内设有公园。其中，1868年在上海市建成开放的黄浦公园是我国历史上第一个城市公园（图1-3）。黄浦公园位于黄浦江和苏州河交接处，占地面积2.08 hm^2。公园两面临水，视野开阔，具有优越的地理位置和优美的园林景色。公园建造初期仅有草坪、座椅、音乐亭，且不允许华人进入，直至1928年才对华人开放。近代中国被迫打开国门的同时，也有中国人外出谋生，尤以广东省、福建省沿海一带为主，这群中国人在外经商，借鉴了国外的建筑、园林形式等，形成了一种中西合璧的侨商园林，其中不乏出色的侨商公园。除租界公园和侨商公园外，还出现了一批中国人自建的公园，如齐齐哈尔市的仓西公园、无锡市的城中公园、北京市的农事试验场等。这些公园是由具有包容开明的生活智慧和奋发进取的开拓精神的人士

图1-3　上海市黄浦公园

建造出来的，呈现出极强的创造力。据朱钧珍教授等人调查，中国自建的第一批城市公园有11个，建成时间集中在1878—1908年间。对比外国人在中国建造的第一批公园33个，数量仅占其三分之一，但其所展现的新风格在中国近代城市公园发展中起到了承上启下的作用。

辛亥革命后，城市公园建设有了新进展，相继出现了一批公园，如广州市的越秀公园、南京市的玄武湖公园、北平（今北京市）的中央公园（现为中山公园）、杭州市的中山公园、武汉市的市府公园（现为中山公园）、汕头市的中山公园等。这一时期的城市公园以风景名胜为依托建造，以西方公园营造手法为主，并出现动植物园、儿童公园等专类公园。

中华人民共和国成立后，中国城市公园的建设也进入新纪元。城市公园的发展依据城市化进程主要分为六个阶段。

第一阶段：1949—1952年，中国城市公园以恢复、整理旧有公园为主，极少新建公园。如北京市在自给自足的原则下进行重点恢复和建设，着手修缮中山公园、北海公园，抢修颐和园内的古建筑；上海市改建跑马场为人民公园；广州市扩建了越秀公园，新建文化公园；南京市恢复了中山陵园、和平公园，修复整理了玄武湖、莫愁湖、鸡鸣寺等公园，新建雨花台烈士陵园和浦口公园等。

第二阶段：1953—1957年，中国各城市结合旧城改造、新城开发和市政卫生工程，大量新建公园，同时对原有公园进行提升。如北京市新建了陶然亭、东单、什刹海等公园，利用名胜古迹改建开辟了日坛、月坛等公园；上海市规划建设了西郊公园、蓬莱公园、淮海公园等；广州市在整理原有公园的基础上，新辟了红花岗烈士陵园等；南京市新建了绣球、太平、午朝门、九华山、栖霞山等区级公园；杭州市新建了花港观鱼公园（图1–4）。

第三阶段：1958—1965年，城市公园建设速度减慢，强调普遍绿化和园林结合生产，出现了公园经营农场化和林场化的倾向。北京市新建公园绿地21处，另为结合生产，在紫竹院公园挖湖用于鱼类养殖；上海市新建长风公园、和平公园；广州市为解决城市雨季排水问题，开辟了流花湖、东山湖和荔湾湖公园。

第四阶段：1966—1976年，无新建城市公园。

第五阶段：1977年至20世纪90年代中后期，公园建设重新起步，数量与质量均有显著提高。北京市新建古

图1–4　杭州市花港观鱼公园

城、团结湖、北滨河等公园，并开始修建圆明园遗址公园；上海市新建内江、松江方塔等公园；广州市重点恢复市区主要公园的景点与景区，同时扩建动物园、麓湖公园和流花西苑。

第六阶段：20世纪末至今，中国城市公园快速发展，数量剧增，形式多元，如出现了主题公园、专类园、遗址公园等。北京市、上海市、广州市等地大量建设现代化公园，其建设范围也从城市扩展到城市近郊及城镇。以上海市为例，截至21世纪初，上海新增0.3 hm^2以上的城市公园30个。同时，加大了对老旧公园的更新力度。在2010年上海世博会前后，新建、更新了大量公园，极大地提升了城市的整体面貌。

近代以来，中国从被动地打开国门建设公园到主动营造适宜的公园环境，发展较为缓慢。直至21世纪，城市公园才得以迅猛发展，在城市的规划建设中占有一席之地。

第四节　公园的发展趋势

进入21世纪以来，人民生活水平不断提高，对城市发展、生态环境、历史传承等方面的需求日益增大，城市公园也呈现出新的发展趋势，从单一的公园个体设计走向整体的绿地系统规划，设计形态更加多元，同时注重文脉传承和意义探究。这也使现代城市公园日趋多样与丰富，更具有现代意义。

一、由孤立的公园个体走向整体区域的绿地系统规划

人们已经逐渐认识到在合理布局的城市中，绿地系统能以一种积极主动的方式对城市环境进行生态调控。绿地本身就是氧源，能吸附污染粒子、隔离噪声；能涵养水源、过滤土壤中的污染物；能够弱化城市热岛效应，改善城市小气候，提高城市中心的空气质量。

从宏观自然界的角度看，绿地系统为整个生物界提供适宜的生境，为野生动物提供了迁徙的生态廊道，使各个生境有机会与区域广阔的自然环境连通，保护自然界的多样性，从而保持生态系统的稳定性。这些生态功能是孤立的公园不可能达到的，一个公园必须协同其他部分才能较完整地体现出其生态内涵。

按照生态环境优先的原则，组织合理的模式，结合城市现有生态资源的保护进行绿地系统中公园的布局与组织，才能使公园更好地发挥生态功能。

在这种宏观的生态平衡思想的影响下，作为绿地系统重要组成部分的公园不再仅仅被视作孤立的绿地景观，而是被纳入整体的绿地系统中考虑。例如，彼得沃克事务所在美国IBM公司索拉纳园区总体规划中就提出了环境、景观优先的基本原则，保护了大片草原、坡地等当地原生的自然景观（图1–5）。

设计要结合自然，公园本身的设计、运作要结合“3R”设计，即Reduce（低消耗）、Reuse（可再生再利用）、Recycle（可循环），减少能源消耗、提高资源利用率，通过技术处理变污染物为资源或对环境有利的物质，由单纯的资源消耗型向环保节能型发展。当前，使用能滞蓄场地雨水、减少地面径流的铺装，提供生物迁徙的“生态廊道”，建造自然式、多样化的生态驳岸等手段都逐渐为设计师所采用。

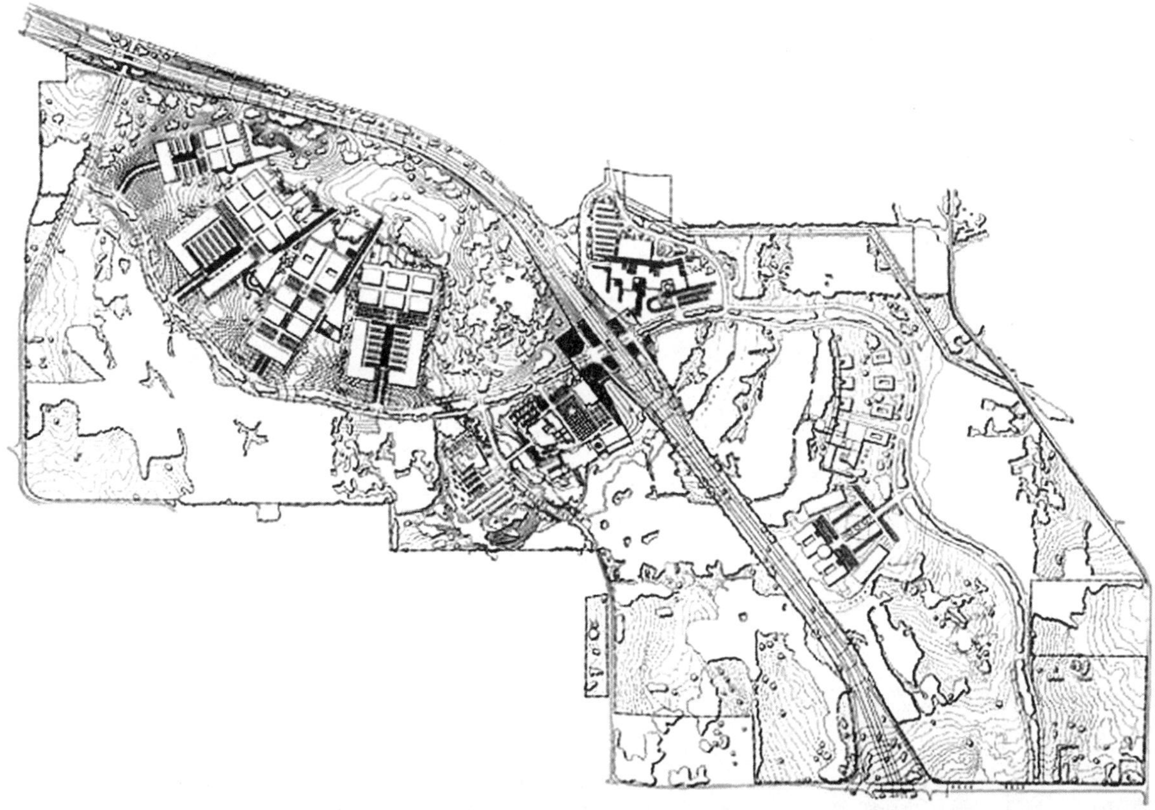

图1-5　美国IBM公司索拉纳园区

获得2010年美国景观设计师协会（ASLA）综合设计最高奖项——杰出奖（Award of Excellence）的“上海后滩公园：作为生命系统的景观”（图1-6）方案集中反映了以上理念。针对2010年上海世博会园区西起倪家浜、东接世博公园，用地总面积约14 hm^2的后滩公园用地，设计面临六大问题和挑战：

① 后滩地区作为上海市区、黄浦江边仅有的一块天然湿地，如何遵从生态设计原则、秉承场地文脉、满足多重体验需求？

② 如何保护、恢复与重建生态湿地？

③ 如何解决世博会期间人流等候与疏散问题？

④ 如何解决场地千年一遇防洪标准（6.7 m）与湿地之间多达5 m的高差问题？

⑤ 如何同时满足会时偏重安全疏散、游憩等候等功能与会后突出湿地保护、湿地生态的审美启智及科普教育等功能的双重需求？

⑥ 如何运用现代理念和先进技术营建后滩公园？

为综合解决以上六大问题，方案提出以下六大设计对策：

（a）

（b）

（c）

图1-6　上海市后滩公园

第一大设计对策：四种文明串写场地脉络。方案采用立体分层布局的方式，以后滩地区发展的时间脉络、空间背景和场地禀赋作为线索，将湿地公园分为湿地生态景观层、农耕文明景观层、工业文明遗存层和后工业文明体验层四个功能层次，由此叠加形成场地的总体功能布局。

第二大设计对策："三带一区"建构湿地基底。方案以"双滩谐生"为结构特征建立湿地体系，由滨江芦荻带、内河净化湿地带、梯地禾田带和原生湿地保护区四个部分组成。

第三大设计对策："三场九园"、步道网络编织交通体系。方案以"一环九纵"多路径的交通路网和"三场九园"的休憩场所共同形成场地的交通网络。"三场"分别为西端"空中花园"广场（通过改造利用工业建筑形成），中部水门码头广场，东端漂浮的花园广场（与会展区相联系）。"九园"指在场地中建立多个艺术"容器"，形成多重体验空间。以网络的形式构建步道系统，串联各个体验空间，形成亲切自然的人行交通系统。

第四大设计对策：梯地禾田梳理场地高差。方案利用场地农耕文明景观层的梯地禾田来消解场地千年一遇防洪标准与内河净化湿地之间的高差。

第五大设计对策：弹性设计满足双重需求。本着节约资源、会后尽量少做改动的原则，在设计时充分考虑会后的利用，在功能建筑体、公共服务设施和铺装场地等相关方面进行会时与会后的弹性设计。

第六大设计对策：生态理念引领技术航向。生态与人文理念贯穿于后滩公园的全部设计过程，主要体现在再造湿地公园的相关措施与技术、场地工业遗存保护再利用的相关措施与技术，以及其他生态可持续发展的相关措施与技术等方面。

二、形态多元

1. 主流——适应功能要求的简洁明快的形式

现代公园面向大众使用，不同于传统园林极其注重装饰与观赏性，其形式也相应简洁明快，合乎使用要求，空间划分明确、视线安排合理、细部考虑周到，使用方便舒适。

罗代尔（Heiner Rodel）设计的苏黎世瑞士联合银行行政大楼前广场（Plaza of UBS Administration Building, Zurich）就充分考虑了使用、主题与空间中心的整体效果，广场平面结合地形高差，由水面、铺地、台阶、草地、树池组合构成，犹如一幅抽象的立体构图，以简洁的形态、清晰的结构形成了丰富的使用空间（图1-7）。

2. 多元——当代艺术的影响

受20世纪60年代以来欧美公共艺术的影响，公共场地的设计吸引了大批艺术家共同参与，同时景观设计师也受到当代艺术的影响，有相当一部分作品呈现出多元、创新的发展趋势。如西班牙巴塞罗那的北站公园（图1-8）就是雕塑家、陶艺师、景观设计师共同完成的；壳牌（Shell）石油公司总部主入口大草坡的设计，其微小起伏的地形变化有一种布料的褶皱感，隐约透露了设计者曾有过的布艺设计从业经历。

图1-7　苏黎世瑞士联合银行行政大楼前广场

图1-8　西班牙巴塞罗那的北站公园

3. 设计要素的创新与丰富

现代社会科技进步日新月异，为设计师提供了比以往任何时期都丰富的技术手段和材料。各式建筑物、构筑物，水体，植物，光影，色彩，声音，新型建筑材料、装饰材料都被设计师们运用自如，创造了一大批传统技术手段和材料无法企及的新颖作品。如埃里克森（Arthur Erickson）设计的罗宾逊广场，巨大的水池位于楼顶，水由屋顶倾泻而下，形成巨大的瀑布，水景与屋顶花园共同创造了现代壮观的空中花园，展示了在现代技术支撑下形成的夸张尺度。

设计师通过运用新材料，达到了只有现代园林才具有的质感、色彩、光影效果，如沃克（Peter Walker）在伯奈特公园的喷泉中用光纤代替灯光；佩朴（Beverly Pepper）设计的北站公园陶艺大地艺术作品使用了透明的浅蓝色陶片；还有的设计师对传统材料进行了现代技术的处理，使其效果有了很大的改变，如将花岗岩抛光成镜面。

4. 创新的努力与探索

当西方现代园林在20世纪70—80年代走向成熟的时候，各种思潮也开始对这种“新传统”展开了进攻。如20世纪80年代，法国文化部举行了拉维莱特（La Villette）公园国际竞赛，该竞赛的宗旨就是，作为21世纪的城市公园，不应模仿已有的传统公园模式，要求有所创新。屈米（Bernard Tschumi）的结构主义作品赢得了胜利。

拉维莱特公园（图1–9）是一座新型的公园，该设计将都市作为整体来考虑，即公园不再从都市的概念中分离出来，而是都市的一部分，通过公园和广场的延伸来改善城市景观。

屈米将此公园构想成一座大型的、不延续的建筑，独立的结构在某些地方与城市和延伸的郊区相吻合。整个公园并非小块用地的堆砌，也未遵循传统公园内部和谐、完美的组合，而是将各种要素裂解开来，以机械

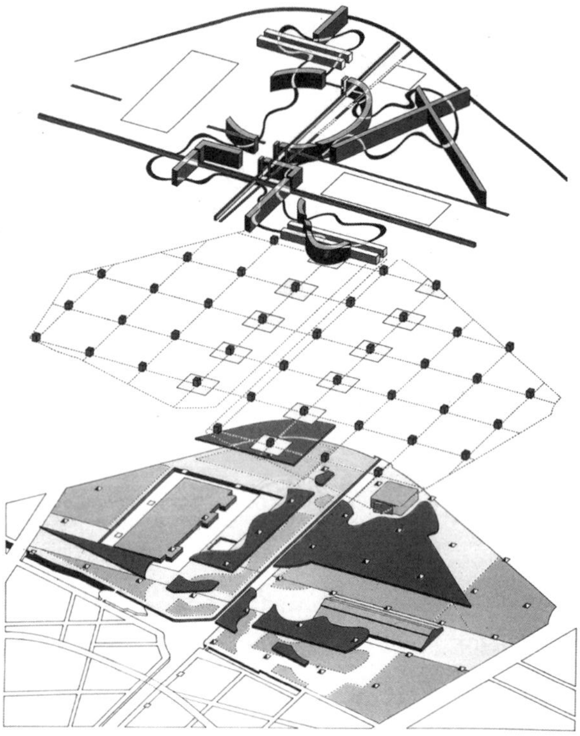

图1–9　法国巴黎拉维莱特公园

的几何结构表达矛盾与冲突，以点、线、面三种不同的途径含蓄地表达了传统文化，并且成功地结合了现代功能。该设计不局限于传统的形式，而是打破常规以及人们对自然秩序的理解，以解构的手法含蓄地表达传统文化，这本身就是对传统审美观的一种挑战。

三、注重文脉

“Context”本义指文学中的“上下文”。在语言学中，被称作“语境”，就是使用该语言的情境以及与前言后语的承接关系。从广义上说，可引申为一事物在时间或空间上与其他事物的关系，在设计领域中常被译作“文脉”。

“历史”是场所与事件的契合。当这些事件在场所中留下的记号或烙印作为纯粹的形式流传下来，穿越时空的界限呈现于世时，往往能勾起人们对历史的某种联想或记忆，反映在公园设计上可解释为形式与过去发生联系，而这种联系能唤起人们对传统的认同感，从而使其具有历史文脉的意蕴。

地理位置的不同产生地域性，不同的地域衍生出不同的本土文化，任何一个场地都有其对应的具体环境，公园设计力图反映这种地域文脉。

只有充分发掘场地隐含的特质，并通过设计手段向人们传达、揭示场地的历史人文或地域特点，才可能使设计具有场所感。

例如海格（Richard Haag）在美国西雅图煤气厂公园的设计中，保留了原煤气厂相当一部分的工业设备与构筑物，让后工业时代的人们漫步公园时能感受到这个城市所拥有的一段历史。该设计被认为是“反如画（Anti-picturesque）风格”的典范之一，对城市工业废弃地的开发与重新利用提出了具有历史与生态双重意义的创新的设计方法，在世界范围内产生了很大影响（图1-10）。

四、探求意义

20世纪末，美国园林设计界掀起了对意义的探索思潮。由于一段时间以来，现代园林重视形式与功能的相容，推崇简洁的造型、自由的平面，却忽略了设计本身所蕴含的意义，美国著名学者瑞利就坦言：“许多文化中的庭院都富有意义，而现代美国庭院却没有。”因此，出现了通过文化、形态或空间的隐喻表达某种意义的设计思潮。如哈普林（Lawrence Halprin）在罗斯福纪念公园中以大型跌水和广场象征田纳西河谷的大型水电站工程；史密斯在特拉华州威明顿庆祝建市350周年的纪念公园中，表达了“城市起源”与“城市发展”两个主题，“城市起源”主题以大片水面、两只船代表该市最初瑞士移居者的到来，“城市发展”主题则以一组形式、大小各异的建筑立面墙，分别象征早期的农宅、教堂和商业建筑，并且用和周边建筑物相似的三角形山墙和柱石，通过建筑形式的演变隐喻城市的变迁。

意境是感觉的升华，是环境的美学价值、传统文化、历史文脉对人心理感受的综合作用。中国传统造园艺术就十分注重意境的表达，对当代园林意义的探求颇有借鉴价值。“多方胜景、咫尺山林”就体现了对诗画意

图1-10 美国西雅图煤气厂公园

境的追求，而凭借一些匾额、对联的形式来点景也反映了传统文化。例如网师园中的待月亭，横匾为“月到风来”，对联取自韩愈的五言诗“晚色秋将至，长风送月来”，即便是现代人，置身此景也能深刻地体会到古人秋夜赏月的闲情逸致。传统造园的立意已达到了极高的境界，即使是一些普通的花草，其色彩、气味予人的感受，点题后也能传达诗情画意，如留园中的“闻木樨香”，拙政园中的“雪香云蔚”“香远溢清”等景点都是因花色、花香得名。这些手法都是根据此情此景所衍生的意境，客观的场景经点景后就具有升华的意境，这在公园景点设计中颇有借鉴意义。

五、 智慧公园

“智慧城市”的兴起推动了“智慧公园”的建设。2009 年，IBM 公司首次提出“智慧城市” 的理念，即以物联网为重要基础，赋予各类物品感知功能，使物品产生“智慧”，为人所用，打造更全面的物与物、物与人、人与人的互联互通和相互感知，更有效的数据整合，更好的业务协同及更强的创新发展能力的城市。近年来，中国众多城市将建设智慧城市作为转型发展的战略选择，掀起了智慧城市的建设热潮，而智慧公园作为智慧城市重要的子系统，应该为智慧城市提供生态环境、动植物资源、公众游憩行为等方面的专业数据。

在一些发达国家，信息化、集成化管理正应用于公园的设计、建造、运营维护、服务等各个阶段。例如，英国伦敦奥林匹克公园从综合集成系统的开发、免费Wi-Fi建设、生物多样性保护、应用程序（APP）开发等几个方面，实现公园的智慧化管理服务。

近年来，中国城市公园建设中也开始尝试引入一些智慧化的理念和技术，如北京市朝阳公园引进智能停车管理系统，增设收费数据实时核算、实时统计、实时分析、电子支付、线上线下和客户端多渠道交易等功能，提高停车收费和财务管理的自动化程度，同时开通线上购票服务，为游客提供了便利；上海植物园于2019年开展安保技防设施升级完善项目，基于数字化技术搭建视频监控系统，并在园区布置覆盖重要景点、设施以及建筑的光纤数据传输网络，推进公园的科学化管理；深圳市香蜜公园通过空间分析技术、4G 移动网络、物联网技术，探索园区视频监控、智能照明、停车管理等多项智能系统的集成管理。

智慧系统在城市公园的应用主要从游客体验、公园管理两个角度来分析：①游客体验包括网络与通信服务、导游以及紧急帮助三个部分。其中网络与通信服务包括通信基础设施的建设、信息门户的建设、客户端软件的建设、多媒体信息的展示，以及公园景区的实时信息播报；导游则包括游客的定位、景点的定位、路线的指引、景点的自动讲解、多媒体资料点播等相关的电子导游；紧急帮助是指游客能够通过呼救功能，紧急联系安保以及医疗人员，并且系统能够自动准确地获取游客的实时位置。②公园管理主要针对公园的管理者，他们通过系统管理公园事务，包括信息采集、公园档案管理、公园人员管理、公园资产管理、公园监督等。

以北京市海淀公园为例，与其他建成时间较早的公园一样，其面临管理和服务方式提升的问题，例如以人工为主的粗放式管理模式，精细化程度偏低；景观服务设施缺乏互动性，游憩体验不佳，无法为游客提供实时定位、个性化游园线路规划和公园景点信息介绍等必要的导览服务功能。为此，公园搭建了智慧综合管理平台——“公园之芯”，其作为全园的“智慧大脑”，可以对采集的环境数据、人流量数据、动植物数据等各类数据进行分析，并反馈给公园中的智慧化设施，如智慧生态监测设施、智慧交通设施、智能灌溉设施等，进行智能管理与联动，管理者也可以通过“公园之芯”的可视化管理平台，实时监控公园的动态数据指标，进行公园智慧化设施的远程管理。具体而言，公园主要从智慧生态监测、智慧管养、智慧能耗管理、智慧照明管理、智慧交通、智慧安防六个层面，构建了智慧管理系统（图1-11）。

图1-11　北京市海淀公园智慧公园建设

由此可见，将智慧系统应用于城市公园之中，一方面可以促进公园节能减排，保护环境；另一方面可以实现自助服务、自动化管理，减少人力、物力的投入，实现高效便捷地管理公园，科学地分析决策。

第五节 总结与思考

一、总结

【公园的概念和分类】公园是供公众游览、观赏、休憩、开展科学文化科普及锻炼身体等活动，有较完善的设施和良好的绿化环境的公共绿地。《城市绿地分类标准》（CJJ/T 85—2017）中根据各种公园绿地的主要功能和内容，将其分为综合公园、社区公园、专类公园、游园四类，其中专类公园含动物园、植物园、历史名园、遗址公园、游乐公园和其他专类公园六类。

【公园的演变历史】西方现代园林设计由20世纪初的萌芽到当代的成熟与丰富，形成了融功能、空间组织、形式创新为一体的风格，并且其发展道路越走越宽。现代主义、历史或文脉主义、极少主义、隐喻与象征、拼贴裂解等都为现代园林所接受和容纳，呈现了前所未有的自由性与多元化。中国现代园林设计从被动地打开国门建设公园到主动营造适宜的公园环境，发展较为缓慢。直至21世纪，我国城市公园才得以迅猛发展，在城市的规划建设中占有一席之地。

【公园发展趋势】进入21世纪以来，人民生活水平不断提高，对城市发展、生态环境、历史传承等方面的需求日益增加，城市公园也呈现出新的发展趋势，从单一的公园个体设计走向整体的绿地系统规划，设计形态更加多元，愈发注重文脉传承和意义探究，同时基于数字化技术，现代公园趋于智慧化和精细化。这也使现代城市公园日趋多样与丰富，更具有现代意义。

二、思考

（1）举例说明所在城市的综合公园、社区公园、专类公园、游园各2～3例。

（2）以自己熟悉的一个公园为例，谈谈有何亮点和不足，思考现代公园应如何发展。

第二章　公园设计规范与标准

第一节　影响标准的因素

一、政策规划

公园设计的规范与标准会受政策规划影响，当政策规划不定期地回顾和修改时，公园设计的规范与标准就要随之进行调整。政策规划是公园设计中最重要的一个层面，它是政府执行部门的战略管理工具，也是政府立法机构的具体指导原则。只有良好的政策规划才能让公园的物质规划与运营管理规划顺利完成，并使后两者更具针对性、真实性、现实性和可行性。

同时，政策规划还是提供有序的城市公园游憩体系的主要政策依据。政策规划经常和一定城区内的游憩设施、游憩项目的运营管理方式以及该地区的开发指导原则相结合而共同应用，而且政策规划要不定期地回顾和修改，并随着社会、经济的改变而进行相应调整，还要为相关机构所认同、接受才能得以应用。

通过政策规划，可以确立一个城市或一个社区内公园的各项标准，即公园体系的定量指标，如土地规模、土地大小、土地比率、服务半径和服务人口等，从而转化为对土地和水等风景资源的需求量。

二、居民需求

基于居民的休闲意愿调查分析、休闲需求评价和游憩偏好分析，可以确定城市居民对活动空间以及游憩设施的需求量，从而对城市公园的规模、性质及设施容量做出定性和定量的预测，构建与之相适应的、人性化的城市公园设计规范。例如，在当前老龄化背景下，通过剖析社区公园内的活动空间构成、游憩设施配置的现状问题、不同年龄层次使用人群对公园的游憩需求与偏好，可以进一步指导老龄化街道社区公园游憩服务体系的构建和完善。

三、可达性

城市公园是城市居民的主要游憩活动场所，为城市各阶层居民提供游憩、娱乐、休闲的机会。城市公园的可达性已经成为受人们关注的城市公园的评价指标之一，可分为空间可达性和心理可达性两个层面。①空间可达性：公园的面积、形状、出入口数量、公园内外交通的衔接等直接决定城市居民是否能方便、快捷地进入公园；②心理可达性：公园能否满足居民日常游憩需求？园内公共设施、空间能否更好地服务大众？是否有满足那些不便者方便使用的无障碍设计？这些问题都将影响公园的游憩吸引力，并直接决定人们的出行游玩意愿。以居民日常游憩举例，步行离家5 min的小游园缺乏游憩设施和活动场地，植物生长情况较差，而步行离家10～15 min的综合公园面积大、活动设施健全、风景优美。居民选择去离家近的小游园还是离家远的综合公园，即公园空间可达性和心理可达性之间的博弈。

四、公平性

城市公园作为城市重要的公共设施，为居民提供必要的户外休闲活动场所，所有居民都应有平等使用的机会，而且这个机会不应以公园所处位置不同而有差异。不少城市由于历史原因在公园的分配上很难做到各区公平，还需在旧城改造和新区建设中不断完善，不能因为区域位置、居民收入层次等因素，在公园的规模和数量指标上有所区别。

城市公园的使用公平性包括分配公平、过程公平和互动公平三类。①分配公平：主要分析公园在地理空间或不同人群中的公平分配问题。世界上许多城市都存在着绿色空间分配不公平的现象，这些受到诸多因素的影响；②过程公平：强调规划决策过程的公平、公开，完善政府部门及相关责任部门的管理机制，提高公众参与公正性；③互动公平：通过深度访谈、问卷调查、行为地图、统计分析等调查分析方法，选取“交往模式、景观要素类型及特征、居民社会经济条件”等指标，探索居民之间是否安全、无歧视地交往互动等。

第二节　内容和规模

公园设计应当有足够的绿化面积，以创造优美的绿色自然环境为首要任务，并根据公园类型确定特有的内容。据《公园设计规范》（GB 51192—2016）规定，公园类型分为综合公园、专类公园、社区公园以及游园。

一、综合公园

综合公园一般内容较为丰富，设置儿童游戏、休闲游憩、运动康体、文化科普、公共服务、商业服务、园务管理等设施，应符合《城市绿地规划标准》（GB/T 51346—2019）规定（表2-1）。但不设置大规模的专业性体育设施，避免混淆城市的用地性质，挤占公园用地。在保证公园绿化用地比例要求的情况下，可适当设置体育场地，宜以非标准体育场地为主，应与公园自然环境相结合。而在已设有动物园的城市，不设置大型动物及猛兽类动物展区，可选择在公园中一个适当的区域范围内布置鸟类、观赏鱼类或小型哺乳动物等展区，但应避免对公园的游憩和生态功能造成干扰。

表2-1　综合公园设施设置规定

设施类型		公园规模（hm^2）		
		10～20	20～50	≥50
1	儿童游戏	●	●	●
2	休闲游憩	●	●	●
3	运动康体	●	●	●
4	文化科普	○	●	●
5	公共服务	●	●	●
6	商业服务	○	●	●
7	园务管理	○	●	●

注：1.“●”表示应设置，“○”表示宜设置。
2.表中数据以上包括本数，以下不包括本数。

综合公园内设置的多种设施通常会占用较大的用地面积，为确保公园拥有良好的自然环境，公园的规模不宜小于10 hm^2。而镇级公园一般较市级公园的规模小，因此，综合公园的规模不宜小于5 hm^2。此外，综合公园应控制建筑占地面积，保障绿化用地面积，合理安排园路及铺装广场的用地面积。且至少应有一个主要出入口与城市干道连通，宜优先布置在空间区位和水地形条件良好、交通便捷的城市区域。

二、专类公园

基于《公园设计规范》（GB 51192—2016）的规定，专类公园根据特定的主题内容，分为以下几个公园类型：

1. 动物园

动物园应有适合动物生活的环境，供游人参观、休息、科普的设施，安全、卫生隔离的设施、绿带以及后勤保障设施。其中，园内的笼舍、动物活动场地、游人参观场地等占地较多，并且还需要有较大的绿化用地面积，才可以满足卫生、安全防护隔离和创造优美环境等的要求。因此，根据动物园的内容设施占地面积来分，综合性动物园的用地规模宜大于20 hm^2，而专类动物园的用地规模宜大于5 hm^2。

2. 植物园

植物园应设置有多种植物生长所需要的适宜的生态环境，应有能够体现本园特点的科普展览区和科研实验区。一般来说，植物园用地面积较大，规模宜大于40 hm^2，其中专类植物园用地规模宜大于2 hm^2。

3. 历史名园

历史名园的内容应具有历史原真性，并能够体现传统造园艺术，不应建设与其文化传承不符的内容。

4. 其他专类公园

其他专类公园包括儿童公园、体育公园、森林公园、湿地公园等具有某个特定主题的公园。应根据其主题及使用人群需求设置相应的游憩设施、健身设施或科普设施等设施。

三、社区公园

社区公园的服务对象以老人和儿童为主，设计内容一般以满足老人与儿童的日常休闲活动为主。《城市绿地规划标准》（GB/T 51346—2019）规定，大于 1 hm^2 的居住区公园应设置儿童游戏、休闲游憩、运动康体、文化科普、公共服务、商业服务、园务管理等设施，设施设置应符合表2–2的规定。

表2–2　大于1 hm^2 的居住区公园设施设置规定

设施类型		公园规模（hm^2）		
		1～2	2～5	5～10
1	儿童游戏	○	●	●
2	休闲游憩	●	●	●
3	运动康体	□	○	●
4	文化科普	□	○	○
5	公共服务	□	○	●
6	商业服务	—	□	○
7	园务管理	—	□	○

注：1. “●”表示应设置，“○”表示宜设置，“□”表示可设置，“—”表示可不设置。
2.表中数据以上包括本数，以下不包括本数。

四、游园

游园是指位于城市主、次干路和支路附近道路红线以外的绿地。一般园内会满足简单的游憩功能，布置简易的游憩设施，面积虽然有限，但是对城市景观影响极大，尤其是沿街部分的景观效果。根据《城市绿地规划标准》（GB/T 51346—2019）的规定，滨水、沿路设置带状公园绿地应满足安全、交通、防洪和航运的要求，宽度不应小于12 m，宜大于30 m，并应配置园路和休憩设施。

第三节　园内主要用地比例

公园的用地面积包括陆地面积和水体面积，其中陆地面积应分别计算绿化用地、建筑占地、园路及铺装场地用地的面积及比例，公园用地面积及用地比例按表2–3的规定进行统计。公园中如有占地面积较大的大规模人造假山以及其他不宜计入水体、建筑、绿化、铺装的用地，可以在“其他用地”一栏中说明。

表2–3　公园用地面积及用地比例

公园总面积（m^2）	用地类型				面积（m^2）	比例（%）	备注
	陆地	绿化用地	m^2	%			
		建筑占地	m^2	%			
		园路及铺装场地用地	m^2	%			
		其他用地	m^2	%			
	水体						

注：如有“其他用地”，应在“备注”一栏中注明内容。

一、公园用地比例

公园用地比例以公园陆地面积为基数进行计算，并应符合表2–4的规定。

表2–4　公园用地比例

陆地面积A_1（hm^2）	用地类型	公园用地比例（%）					
		综合公园	专类公园			社区公园	游园
			动物园	植物园	其他专类公园		
A_1<2	绿化 管理建筑 游憩建筑和服务建筑 园路及铺装场地	— — — —	— — — —	>65 <1 <7 15～25	>65 <1 <5 15～25	>65 <0.5 <2.5 15～30	>65 — <1 15～30

续表2-4

陆地面积A_1（hm^2）	用地类型	公园用地比例（%）					
		综合公园	专类公园			社区公园	游园
			动物园	植物园	其他专类公园		
$2 \leqslant A_1 < 5$	绿化 管理建筑 游憩建筑和服务建筑 园路及铺装场地	— — — —	>65 <2 <12 10～20	>70 <1 <7 10～20	>65 <1 <5 10～25	>65 <0.5 <2.5 15～30	>65 <0.5 <1 15～30
$5 \leqslant A_1 < 10$	绿化 管理建筑 游憩建筑和服务建筑 园路及铺装场地	>65 <1.5 <5.5 10～25	>65 <1 <14 10～20	>70 <1 <5 10～20	>65 <1 <4 10～25	>70 <0.5 <2 10～25	>70 <0.3 <1.3 10～25
$10 \leqslant A_1 < 20$	绿化 管理建筑 游憩建筑和服务建筑 园路及铺装场地	>70 <1.5 <4.5 10～25	>65 <1 <14 10～20	>75 <1 <4 10～20	>70 <0.5 <3.5 10～20	>70 <0.5 <1.5 10～25	— — — —
$20 \leqslant A_1 < 50$	绿化 管理建筑 游憩建筑和服务建筑 园路及铺装场地	>70 <1 <4 10～22	>65 <1.5 <12.5 10～20	>75 <0.5 <3.5 10～20	>70 <0.5 <2.5 10～20	— — — —	— — — —
$50 \leqslant A_1 < 100$	绿化 管理建筑 游憩建筑和服务建筑 园路及铺装场地	>75 <1 <3 8～18	>70 <1.5 <11.5 5～15	>80 <0.5 <2.5 5～15	>75 <0.5 <1.5 8～18	— — — —	— — — —
$100 \leqslant A_1 < 300$	绿化 管理建筑 游憩建筑和服务建筑 园路及铺装场地	>80 <0.5 <2 5～18	>70 <1 <10 5～15	>80 <0.5 <2.5 5～15	>75 <0.5 <1.5 5～15	— — — —	— — — —
$A_1 \geqslant 300$	绿化 管理建筑 游憩建筑和服务建筑 园路及铺装场地	>80 <0.5 <1 5～15	>75 <1 <9 5～15	>80 <0.5 <2 5～15	>80 <0.5 <1 5～15	— — — —	— — — —

注：“—”表示不作规定；表中管理建筑、游憩建筑和服务建筑的用地比例是指其建筑占地面积的比例。

二、公园用地面积

公园内的用地面积计算应符合下列规定：

（1）河、湖、水池等应以常水位线范围计算水体面积，潜流湿地面积应计入水体面积；

（2）没有地被植物覆盖的游人活动场地应计入公园内园路及铺装场地用地；

（3）林荫停车场、林荫铺装场地的硬化部分应计入公园内园路及铺装场地用地；

（4）建筑物屋顶上有绿化或铺装等内容时，面积不应重复计算，可按表2-3的规定在备注中说明情况；

（5）展览温室应按游憩建筑计入面积，生产温室应按管理建筑计入面积；

（6）动物笼舍应按游憩建筑计入面积，动物运动场宜计入绿化面积。

三、公园内总建筑面积

为限制公园过度商业开发，公园内总建筑面积（覆土建筑、地下建筑均计入建筑面积）不应超过建筑占地面积的1. 5倍。建筑面积按《建筑工程建筑面积计算规范》（GB/T 50353 — 2013）的规定计算。

四、公园内的园路及铺装场地用地

园路及铺装场地用地，在公园符合下列条件之一时，在保证公园绿化用地面积不小于陆地面积的65%的前提下，可按表2–4的规定值增加，但增值不宜超过公园陆地面积的3%。

（1）公园平面长宽比值大于3；

（2）公园面积一半以上的地形坡度超过50%；

（3）水体岸线总长度大于公园周边长度，或水面面积占公园总面积的70%以上。

第四节　常规设施

一、公园设施容量

公园内游憩设施的容量应以一个时间段内所能服务的最大人流量来计算，公式如下：

$$N=\frac{P\cdot\beta\cdot\gamma\cdot\alpha}{p}$$

式中　N——某种设施的容量；

P——参与活动的人数（人）；

β——活动参与率（%）；

γ——某项活动的参与率（%）；

α——设施同时利用率（%）；

p——设施所能服务的人数（人）。

β和γ需通过调查统计而获得。

该公式是单项设施容量的计算方法，其他设施容量也可利用此公式进行类似的计算，从而累计叠加确定公园内的整体设施容量。

二、公园设施项目的设置

公园设施项目的设置，应符合表2-5的规定。

表 2-5 公园设施项目的设置

设施类型	设施项目	陆地面积A_1（hm²）						
		$A_1<2$	$2\leq A_1<5$	$5\leq A_1<10$	$10\leq A_1<20$	$20\leq A_1<50$	$50\leq A_1<100$	$A_1\geq 100$
游憩设施（非建筑类）	棚架	○	●	●	●	●	●	●
	休息座椅	●	●	●	●	●	●	●
	游戏健身器材	○	○	○	○	○	○	○
	活动场	●	●	●	●	●	●	●
	码头	—	—	—	○	○	○	○
游憩设施（建筑类）	亭、廊、厅、榭	○	○	●	●	●	●	●
	活动馆	—	—	—	—	○	○	○
	展馆	—	—	—	—	○	○	○
服务设施（非建筑类）	停车场	—	○	○	●	●	●	●
	自行车存放处	●	●	●	●	●	●	●
	标识	●	●	●	●	●	●	●
	垃圾箱	●	●	●	●	●	●	●
	饮水器	○	○	○	○	○	○	○
	园灯	●	●	●	●	●	●	●
	公用电话	○	○	○	○	○	○	○
	宣传栏	○	○	○	○	○	○	○
服务设施（建筑类）	游客服务中心	—	—	○	○	●	●	●
	厕所	○	●	●	●	●	●	●
	售票房	○	○	○	○	○	○	○
	餐厅	—	—	○	○	○	○	○
	茶座、咖啡厅	—	○	○	○	○	○	○
	小卖部	○	○	○	○	○	○	○
	医疗救助站	○	○	○	○	○	●	●
管理设施（非建筑类）	围墙、围栏	○	○	○	○	○	○	○
	垃圾中转站	—	—	○	○	●	●	●
	绿色垃圾处理站	—	—	—	○	○	●	●
	变配电所	—	—	○	○	○	○	○
	泵房	○	○	○	○	○	○	○
	生产温室、荫棚	—	—	○	○	○	○	○
管理设施（建筑类）	管理办公用房	○	○	○	●	●	●	●
	广播室	○	○	○	●	●	●	●
	安保监控室	○	●	●	●	●	●	●
管理设施	应急避险设施	○	○	○	○	○	○	○
	雨水控制利用设施	●	●	●	●	●	●	●

注：“●”表示应设；“○”表示可设；“—”表示不需要设置。

三、公园设施项目的具体规定

1. 游憩设施（非建筑类）

【休息座椅】公园中休息座椅的设置应按游人需求合理分布，容纳量应为游人容量的20%～30%，此外，在休息座椅旁应设置轮椅停留位置，其数量不应小于休息座椅的10%。

2. 服务设施（非建筑类）

【停车位】公园配建地面停车位指标可符合表2-6的规定。

表2-6 公园配建地面停车位指标

陆地面积A_1（hm^2）	停车位指标（个/hm^2）	
	机动车	自行车
$A_1<10$	≤2	≤50
$10\leqslant A_1<50$	≤5	≤50
$50\leqslant A_1<100$	≤8	≤50
$A_1\geqslant 100$	≤12	≤20

注：不含地下停车位数；表中停车位为按小客车计算的标准停车位。

【标识系统】

①应根据公园的内容和环境特点确定标识的类型和数量；

②在公园的主要出入口处，应设置公园平面示意图及信息板；

③在公园内道路主要出入口和多个道路交叉处，应设置道路导向标志，如公园内道路长距离无路口或交叉口，宜沿路设置位置标志和导向标志，且最大间距不宜大于150 m；

④在公园主要景点、游客服务中心和各类公共设施周边，宜设置位置标志，同时，在景点附近可设科普或文化内容解说信息板；

⑤在公园内无障碍设施周边，应设置无障碍标识；

⑥在可能对人身安全造成影响的区域，应设置醒目的安全警示标志。

【垃圾箱】垃圾箱的设置应与游人分布密度相适应，并应设计在人流集中场地的边缘、主要人行道路边缘及公用休息座椅附近，此外，垃圾箱宜采用有明确标识的分类垃圾箱。当公园陆地面积小于100 hm^2时，垃圾箱设置间隔距离宜在50～100 m之间；当公园陆地面积大于100 hm^2时，垃圾箱设置间隔距离宜在100～200 m之间。

3. 服务设施（建筑类）

【厕所】游人使用的厕所的服务半径不宜超过250 m，即厕所的间距为500 m。各厕所内的厕位数应与公园内的游人分布密度相适应。面积大于或等于10 hm^2的公园，应按游人容量的2%设置厕所厕位（包括小便斗位数），小于10 hm^2者按游人容量的1.5%设置，且男女厕位比例宜为1∶1.5。在儿童游戏场附近，应设置方便儿童使用的厕所。此外，公园还应设无障碍厕所，无障碍厕所或无障碍专用厕所的设计应符合现行国家标准《无障碍设计规范》（GB 50763—2012）的相关规定。

第五节 公园游人容量计算

公园设计必须确定公园的游人容量，它是公园确定内部各种设施数量以及规模、功能分区、用地面积的依据，是进行公园管理、控制游人量的依据，避免公园因超容量接纳游人造成人身伤亡和园林设施损坏等事故，也是城市规划部门验证绿化系统规划的合理程度的依据。

国外采用旺季休息日游人量为定额标准。公园游人容量为服务区范围内的居民人数的15%～20%，50万人口的城市公园游人容量应为全市居民人口的10%。游人容量估算法是根据公园陆地总面积和开展水域空间游览总面积估算游人容量的。

公园游人容量应按下式计算：

$$C=A_1/A_{m1}+C_1$$

式中 C——公园游人容量（人）；

A_1——公园陆地面积（m^2）；

A_{m1}——人均占有公园陆地面积（m^2/人）；

C_1——公园开展水上活动的水域游人容量（人）。

注：1.人均占有公园陆地面积指标应符合表2-7规定的数值；

2.公园有开展游憩活动的水域时，水域游人容量宜按150～250 m^2/人进行计算。

表2-7 公园游人人均占有公园陆地面积指标

公园类型	人均占有陆地面积（m^2/人）
综合公园	30～60
专类公园	20～30
社区公园	20～30
游园	30～60

注：人均占有公园陆地面积指标的上下限取值应根据公园区位、周边地区人口密度等实际情况确定。

第六节　公园绿地指标计算

城市公园绿地的规划指标主要包括城市绿地面积、人均绿地面积、人均公园绿地面积、城市绿地率和城市绿化覆盖率。绿地面积应该以绿化用地的平面投影面积为准，每块绿地只应计算一次。公园绿地指标应按以下公式计算：

一、城市绿地面积

城市绿地面积指公园绿地面积、广场用地中的绿地面积、防护绿地面积和附属绿地面积之和。

$$A_g=A_{g1}+A_{g2}+A_{g3}+A_{g4}$$

式中　A_g——城市绿地面积（m^2）；

A_{g1}——公园绿地面积（m^2）；

A_{g2}——广场用地中的绿地面积（m^2）；

A_{g3}——防护绿地面积（m^2）；

A_{g4}——附属绿地面积（m^2）。

注：公式中的城市绿地分类中的第五大块g_5——“区域绿地”没有作为城市绿地面积的一部分加以计算。

二、人均绿地面积

人均绿地面积指城市中每个居民平均占有城市绿地的面积。

$$A_{gm}=（A_{g1}+A_{g2}+A_{g3}+A_{g4}）/ N_p$$

式中　A_{gm}——人均绿地面积（m^2/人）；

A_{g1}——公园绿地面积（m^2）；

A_{g2}——广场用地中的绿地面积（m^2）；

A_{g3}——防护绿地面积（m^2）；

A_{g4}——附属绿地面积（m^2）；

N_p——城市人口总量（人）。

三、人均公园绿地面积

人均公园绿地面积指城市中每个居民平均占有城市公园绿地的面积。

$$A_{g1m}=A_{g1} / N_p$$

式中　A_{g1m}——人均公园绿地面积（m^2/人）；

A_{g1}——公园绿地面积（m^2）；

N_p——城市人口总量（人）。

四、城市绿地率

城市绿地率指城市中的绿地面积占城市用地面积的比率。

$$\lambda_g=[(A_{g1}+A_{g2}+A_{g3}+A_{g4})/A_c]\times 100\%$$

式中　λ_g——城市绿地率（%）；

A_c——城市用地面积（m^2）；

A_{g1}——公园绿地面积（m^2）；

A_{g2}——广场用地中的绿地面积（m^2）；

A_{g3}——防护绿地面积（m^2）；

A_{g4}——附属绿地面积（m^2）。

五、城市绿化覆盖率

城市绿化覆盖面积是指乔灌木和多年生草本植物的覆盖面积，按植物的平面投影面积测算，但是乔木树冠下垂叠的灌木和草本植物不再重复计算。故城市绿化覆盖率是指城市建设用地范围内全部绿化种植物垂直投影面积之和与建设用地面积的比率（%），目前，城市绿化面积的测算已广泛采用了航测和人造卫星摄影的技术。

我国一直以绿地率、人均绿地面积和人均公园绿地面积等指标为核心来指导城市绿地系统建设，但这些指标难以反映城市公园在城市中的空间分布格局，以及城市居民对公园的使用需求和效率。王云才等人提出了新的公园绿地指标，涵盖了游憩文化服务和生态调节服务两个方面。在游憩文化服务方面选取了公园服务半径覆盖率、公园服务重叠率、人均公园面积和游憩机会指数等指标；在生态调节服务方面选取了冷岛效应和归一化植被指数等指标。除此之外，《城市绿地规划标准》（GB/T 51346—2019）提出了人均风景游憩绿地面积、公园绿地服务半径覆盖率、万人拥有综合公园指数三大指标。

六、规划市域人均风景游憩绿地面积

$$\text{人均风景游憩绿地面积}=\frac{\text{市域风景游憩绿地总面积（}m^2\text{）}}{\text{市域规划人口（人）}}$$

注：其中“市域规划人口”指市域范围内的规划人口总量，而非仅包括中心城区人口。

七、公园绿地服务半径覆盖率

$$\text{公园绿地服务半径覆盖率}=\frac{\text{公园绿地服务半径覆盖的居住用地面积（}hm^2\text{）}}{\text{居住用地总面积（}hm^2\text{）}}\times 100\%$$

八、万人拥有综合公园指数

$$万人拥有综合公园指数=\frac{综合公园总数（个）}{建成区内的人口数量（万人）}$$

注：1.纳入统计的综合公园应符合现行行业标准《城市绿地分类标准》（CJJ/T 85—2017）的规定；
2.人口数量统计应符合《中国城市建设统计年鉴》要求。

第七节　总结与思考

一、总结

【影响标准的因素】影响公园设计标准的因素多种多样，具体包括政策规划，居民游憩偏好和行为特征，公园的空间可达性、心理可达性和使用公平性（分配公平、过程公平和互动公平）等。

【内容和规模】据《公园设计规范》（GB 51192—2016）规定，公园分为综合公园、专类公园、社区公园以及游园。综合公园一般内容较为丰富，设置儿童游戏、休闲游憩、运动康体、文化科普、公共服务、商业服务、园务管理等设施；专类公园根据特定的主题有不同的内容和规模要求；社区公园的服务对象以老人和儿童为主，设计内容一般为满足老人与儿童的日常休闲活动；游园内布置简易的游憩设施，其面积虽然有限，但是对城市景观影响极大，尤其是沿街部分的景观效果。

【公园设计规范】以下均需符合相关规范文件要求：①公园的用地面积包括陆地面积和水体面积，其中陆地面积应分别计算绿化用地、建筑占地、园路及铺装场地用地的面积及比例；②公园内游憩设施的容量、项目的设置和具体规定；③公园游人容量的计算；④绿地率、人均绿地面积和人均公园绿地面积等公园绿地指标的计算。

二、思考

（1）现场调研所在城市2～3个公园，思考其公园设施项目的设置和数量是否符合规范要求。

（2）试计算所在城市某综合公园的游人容量。

（3）所在城市的绿地率、人均绿地面积和人均公园绿地面积分别是多少?

第三章　公园设计的内容

扫码看本章彩色图片

公园具体的设计布局、功能划分、路线设计需要综合许许多多的因素，包括周边的城市界面和不定因素（如需要隔离的铁路、尚未改造的城市排洪排污沟、未来城市档案馆及施工通道、未来社区、远期规划道路临时用地等），而这些因素往往是设计初期需要综合考虑的，重要且复杂，却常常被忽略。在实际项目中，无论面积大小，设计项目难易，设计师都要对项目背景有全面了解，并到现场进行勘探，核查图纸资料，对公园内部和周边环境现状进行深入分析。而在这一过程中，设计师往往能从中汲取设计灵感和设计元素。

公园设计前期应首先基于宏观视角，全面了解公园所在城市的背景、区位交通、上位规划等；其次，基于微观视角展开公园范围及附近的现状分析，主要从自然环境、基础设施、文化、地形、植被、建筑物、构筑物、水体和景观视线等多方面展开。周边环境的社会特征会影响公园的历史文化内涵和潜在使用人群的需求意向，自然环境则是公园存在的基础背景。面对错综复杂的周边环境，如何把握项目相关的要点，如何从细微处找到设计突破口，有以下几个方向可供考虑：

第一，在后期的公园设计时，需要考虑有些公园是否处在城市空间结构中的重要位置，是否坐落在城市中心区主轴线上，或是城区绿地系统的核心，又或者原场地本身就承载了很深厚的文化。第二，设计时要基于当地自然社会、城市结构等条件，区域范围内的自然环境是公园存在的基础背景，公园所在城市的城区结构、规模、道路系统则决定了公园所处环境的基本概况。第三，公园周边环境中不同用地的性质、功能对公园游人、潜在人流量、人流来往方向起着重要作用，从而直接影响公园出入口的设置和功能分区位置。第四，公园周边开敞空间的质量、绿地空间的组合、历史文化单位的位置，会影响公园与各种空间的关系及其自身流线的组织。第五，公园周边景观视野条件也会对公园设计产生影响，良好的视觉景观为公园提供了远近不同的赏景视线，为公园设计中视景轴线的构建提供了基础。

在前期分析的基础之上，公园的设计思路要围绕“场地要呈现怎样的景观”展开，调查公园潜在使用人群的行为特征和游憩偏好，明确公园定位是属于居民日常游憩型公园，还是提供更多休闲娱乐活动的综合游憩型公园，抑或是提供特殊游览活动的扩展游憩型公园，以便更进一步确定公园设计主题和设计元素，增强公园的标识性。

第一节　项目背景

一、区位交通分析

区位交通分析是对设计项目所在的地域、环境等因素的了解与认知，是所有项目设计开始前的准备工作。区位交通环境调查包括公园在城市中的位置，与周边绿地的关系，周围的环境条件。主要调查人流方向、数量，公共交通的情况及园内外范围内现有道路、水路、广场（性质、宽度、路面材料等）。

公园区位图一般采用城市行政地图或交通地图来绘制，以表达公园在城市中的位置以及公园与周边环境的关系等。图纸比例依据图纸表现规格和公园大小而定，以能清楚表达公园所在的具体地理位置、轮廓、交通和四周街坊环境为准，具体比例不限。基础地理信息应标注主要水系、铁路、主要公路、市（州）级以上的居民地和主要行政境界，并标明与之相邻的国家、省（自治区）或县（区）、乡等其他行政区的名称。

1. 城市区位

城市区位即公园所处城市在国土范围内或一定区域范围内的位置，大到国际、国家级，小到省、市、区级。可根据项目的区域影响大小进行分析，对于大型综合公园或专类公园类项目的规划定位起着重要作用。

2. 公园区位

公园区位即公园在城市中的具体地理位置，通过对公园位置的分析，可以了解规划公园的周边环境、公园在城市中的功能地位、服务半径和服务范围等。具体可深入分析城市与公园之间的轴线关系，周边道路、市政、娱乐等设施与公园布局的关系，另外还包括规划公园的红线、控制线、退线等。

二、上位规划分析

公园规划建设属于城市总体规划和城市绿地系统规划中不可分割的一部分，公园功能定位、服务范畴等均需服从于上位规划。公园规划之前，需收集相关规划及建设项目资料，包括公园所在地的城市总体规划、城市绿地系统规划、土地利用规划、城镇体系规划、城市蓝线和绿线规划、城市生态环境规划等上位规划内容，相关内容均可在公园所在城市的规划局或规划和自然资源局的线上网站免费获得。做上位规划分析时切忌将各规划文件简单罗列，可重点关注与公园区域范围紧密相关的城市风貌、功能定位等信息，并与后期公园设计的定位和主题相关联。

第二节　现状分析

不同性质的用地对环境既有一定的影响，也有特殊要求，在用地布局中通常考虑各项用地的相容性和相关性。公园活动的向心性能带来聚集的人群，以及与公园活动相关的项目和功能，激发公园及周边空间的活力。奥姆斯特德在为波士顿设计“翡翠项链”公园系统时阐释：“我们不应该孤立地考虑每个场地与这个系统其他部分的关系，好像除了对邻近地区的人们而言，它就没什么价值了。”公园在改善城市物质环境方面有显著的作用，它本身具有的观赏和游憩功能在满足游客需求的同时，也会向城市和周边地区辐射，如公园在美化市容、丰富街景等方面都发挥出积极作用。周边用地对公园的影响也会随着公园的开放和城市功能的相互契合而变得更加显著。对具有人流集聚功能的公园来说，基于与周边用地相互影响的设计才能使公园更具人气，使周边的城市生活更具活力。相邻城市用地的功能与性质、人群的数量与类型、交通组织、景观特点等因素，都会对公园设计产生重要的影响，影响到城市公园的功能组合、边界形式、流线组织。

居住用地、商业用地、城市绿地、办公用地、道路等都是城市公园周边常见的功能用地，这些用地可能彼此结合，也可能独立存在。对于周边具有不同影响的功能用地，公园设计手法绝不能雷同，不然会妨碍公园更好地融入城市空间，不利于公园的长远发展。以上内容是在对公园及周边环境分析的基础上，对区域范围内进行的景观构想，具有一定的普遍性和实用性，但能否实现也要结合公园内的景观设计来看。如浙江省杭州市临安区望湖单车文化公园（图3-1），该公园在原望湖公园的基础上进行改建，设计考虑周边苕溪滨水景观、越秀住宅小区、钱王大街等功能用地，以临安青山湖为核心，依附于青山湖环湖绿道的绿地系统，创造性地提出自行车主题的公园新定位，公园内部节点设计结合临安周边吴越文化元素，吸引市民主动参与到公园活动中来，从而激发公园及周边空间的活力。

图3-1　杭州市临安区望湖单车文化公园

一、自然环境现状分析

1. 微气候

所谓微气候（Micro-climate），是指在具有相同的大气候特点的范围内，由于下垫面条件、地形方位等各种因素不一致而在局部地区形成的独特气候状况。城市公园具有产生特定小气候环境的复杂表面结构，这种特性将影响人体能量平衡与热舒适度，也会影响使用人群的活动偏好和强度。因此，公园规划之前应对项目所处区域的气象资料进行调查、整理、分析，为公园设计提供科学依据。

气象资料调查内容包括：主要气候要素调查，如太阳辐射、日照时数、气温、年均温、等温线、极端最低气温、极端最高气温；降水量，如年平均降水量、等降雨量线、丰枯年降水量、历年暴雨量、暴雨强度、相对湿度、蒸发量等；风玫瑰图、四季主导风向、平均风速、最大风速；最大冻土深度及分布；主要气象气候灾害等。

提升城市公共游憩空间的微气候舒适度对于刺激城市居民户外活动，提高城市活力尤为重要。特别是在夏季，人们往往喜欢走在冠幅大的乔木树荫下，或靠近顺应风向的水体景观。而在寒冷的冬季，人们尽量避免在光照阴影和通风处展开游憩活动。因此，应基于场地的日照、风向、风速、温度、湿度等气象数据，分析场地内有利于夏季通风、冬季形成较为宜人的静风小环境的空间。

微气候除了直接影响活动空间的布局、游憩设施的布置，还会涉及未来公园植物的配置利用、雨水的收集、暴雨洪灾的处理等。针对部分地区夏季暴雨且常年地下水补给不足的情况，可以引用“低影响开发”理念，将“海绵城市”理念融入公园景观中。具体而言，可以利用雨水花园、下凹式绿地、生物滞留带、植被浅沟等方式减缓地表雨水下渗速度、控制径流污染、降低雨洪发生概率，实现可持续水循环，并利用雨水营造湿地花园、溪流叠水等景观（图3-2）。

图3-2　雨水花园设计示意图

2. 土壤

土壤是植物赖以生存的物质基础，为植物的生长提供养分和水分等。调查内容主要有公园范围内及附近土壤发育特点，土壤类型（至亚类）及其分布，土壤主要理化性状，土壤利用现状，等等。植物的生长和土壤容重、密实度、酸碱度相关联，后期公园种植设计时要遵循“适地适树”原则，根据不同的土壤制定不同的改善措施。在一些滨海城市，土壤条件苛刻，土地生产力低，难于栽培植被，可以通过选择耐盐植物改良盐碱地土壤，丰富沿海地区园林树种，增加树种多样性。

二、基础设施现状分析

公园内基础设施包括道路、环山步行道、桥梁、广场、停车场、游客服务中心、给水排水管道、电力电信管道以及灯具管线等。重点调查现有道路、水路、广场等基础设施的性质、宽度和路面材料，选择合适部分继续保留其功能，或将其改造成具有鲜明地域特色的景观设施。如美国纽约高线公园（High Line Park）（图3-3）基于历史悠久的高架货运铁路而建，是一个将公园区域与社区、街道以及城市融为一体的公共空间。游客们可以在这里欣赏纽约市的独特风景，同时体验艺术、表演和社交的乐趣。遗迹原有的部分铁轨被作为景观保留了下来，很多原本在铁轨上自然生长的野生花草也被保留下来，成为公园景观的一部分，目的是再现铁路因为长期弃置而形成的历史感，也与铁路过去的工业化身份契合。

图3-3　美国纽约高线公园

三、文化现状分析

结合历史人文资料的分析，发掘地域特色，与后期确定公园主旨立意、安排功能分区和游览路线相对应，也可以将整合提炼的文化元素符号与公园内部道路铺装纹案、景观建筑和景观小品（如坐凳、灯具、标识系统）形式、植物配置相结合，进而获得形态及色彩上的融合，保证人文环境的整体性和连续性。

相关历史人文资料调查包括：①调查城市性质、典故、传说、场地历史；②调查公园范围内及周边社区的历史文物、风物、胜迹、建筑等物质和非物质文化遗产，了解其主要类型、特点和分布情况，以及与自然生态环境的关系；③历史文物调查包括文物保护对象、文化古迹、历史文物遗址，名胜古迹、革命旧址、历史名人故址、纪念地的位置、范围、面积、性质、环境状况及用地可利用程度；④风物调查包括民族民俗、传统纪念活动、历史传统、现代生活方式、时代文化风范、民族语言文字、民间文艺、民间工艺、地方特产、特色服饰、农耕文化、宗教礼仪、神话传说、地方人物等；⑤胜迹调查包括遗址遗迹、圣境、摩崖题刻、石窟、雕塑、纪念地等。

四、地形现状分析

地形现状分析主要来自于现状地形图，是公园设计工作不可缺少的基础性图纸资料，包含大量的场地现状信息，是现状调查研究和分析以及总体规划的重要表现载体。现状地形图比例1：（500～5000），具体依公园规模大小和总体规划图纸比例要求而定。

调查内容主要包括公园范围内及附近的高程、坡度、坡向（图3-4），还会涉及土地的地貌与质地。考虑主要地貌的类型（如黄土地貌、丹霞地貌、雅丹地貌和喀斯特地貌）、特征及其分布对自然环境的影响。分析如崩塌、滑坡、泥石流、地面沉降、流沙、塌陷等地质灾害的位置、影响范围、成因、发生频率、危害程度、采取的治理措施。针对一些规模较大的研究项目如森林公园、大型旅游区规划等，为了更好地展示地形现状对

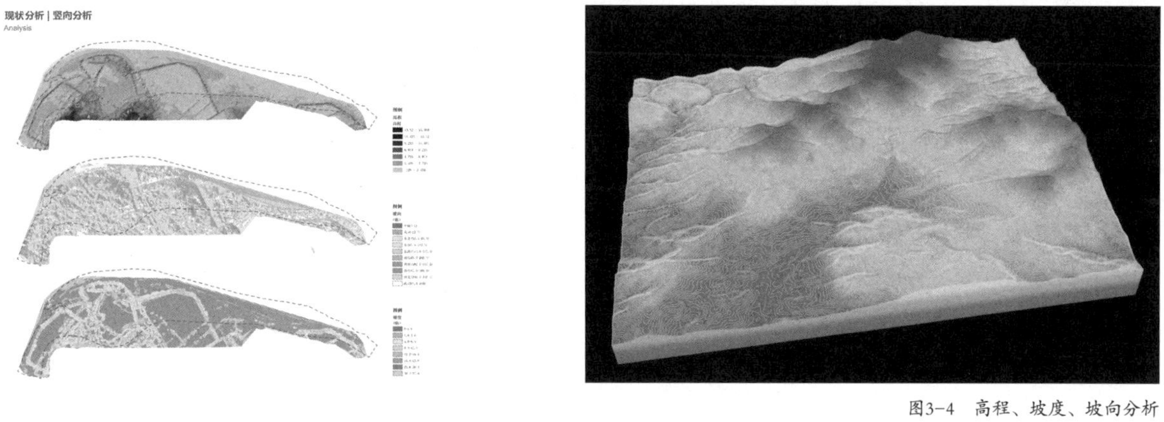

图3-4　高程、坡度、坡向分析

公园规划建设的影响，可以通过ArcGIS平台进行坡度分析、坡向分析、视域分析、挖填方分析以及地表起伏度的计算，并通过叠加分析得到公园范围内适宜进行建设的地块。

五、植被现状分析

现有植物资源构成公园本底，为公园建设提供生态基础。古树名木、国家保护植物有极高的观赏和研究价值，乡土植物（原产于当地或通过长期引种驯化，对当地自然环境条件具有高度适应性的植物的总称）可以增强公园的地域特色，减少工程造价。以生态自然为主题的综合公园和湿地公园、植物园等专类公园也可利用动植物资源开展科普教育，提高游客兴趣度。

调查内容包括植被类型和植物种类两方面：①调查公园内各植被类型的面积、分布，各种生境、群落等，主要类型（植被亚型或群系）的外貌、结构状况，进行园内植被类型、分布规律、特征以及演替关系的分析。②调查公园范围内的野生植物（可分真菌、蕨类、裸子植物、被子植物等专题）种类，编制植物名录，进行区系分析（属种统计分析，区系特点、性质及在全国植物区系区划中的地位），统计国家重点保护野生植物的种类、分布和管理概况。调查现有园内植物、古树、大树的品种、数量、高度、覆盖范围、地面标高、年龄、特点、分布、生长情况及观赏价值等。调查主要经济植物种类、分布和利用状况。

六、建筑物、构筑物现状分析

建筑调查包括居民宗祠、宫殿衙署和风景、文娱、商住、宗教、纪念建筑等，可与文化现状分析相结合。具体包括：①传统建筑：古建筑、古园林、摩崖石刻、石窟、古墓、古代工程、古战场等历史遗迹和遗址；②近代建筑：近代革命活动遗址、战场遗址以及有纪念意义的近代工程、造型艺术作品等；③具有地域风格的建筑：有地方和民族特色的村寨、民居等。

七、水体现状分析

水是构成公园景观不可或缺的重要元素之一，公园的接待、管理、养护等也离不开水，对公园水文资源进行调查，分析其可利用程度，因势利导，既可利用现有河湖、溪流、瀑布、地下水等进行园林造景，增强公园整体景观效果，还可以充分利用现有水资源进行植物浇灌，保证生产、生活用水等。

调查范围涉及公园内及附近主要河流（包括集水区范围、面积）、湖泊（水库）、沼泽等水体的水文特征，地下水主要类型及其特征、排泄形式（如龙潭、冷泉、温泉、暗河等）、水质状况及开发利用现状。主要调查河川、湖泊的流域水系特征（流向、流量、流速、水深、常水位、洪水位、枯水位），自然特征（水体面积、水质、pH值）和开发利用状态（水利工程特点）。沿海城市还需要考虑台风所带来的热带气旋以及受海水潮汐影响的最高潮位、最低潮位和平均海平面（图3-5）。

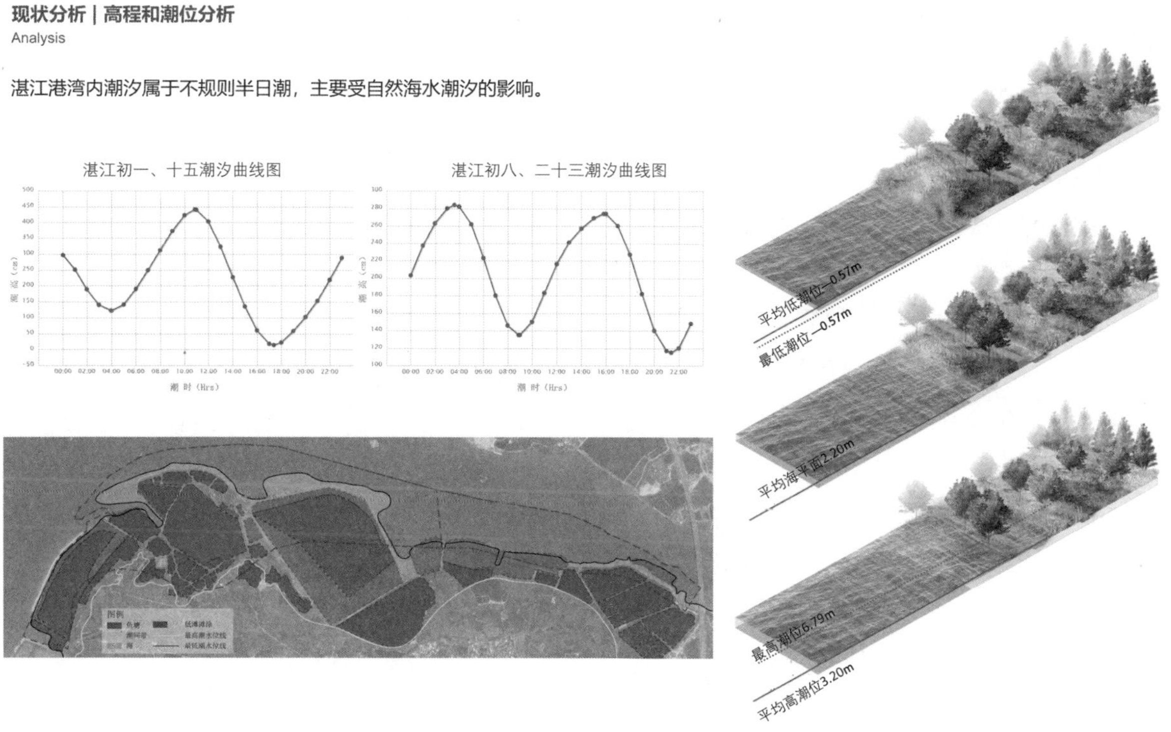

图3-5 湛江水体现状分析

八、景观视线现状分析

公园不仅仅承担着市民游憩休闲的功能，还承担着城市绿地系统的构建、城市步行系统的完善、城市开敞空间的联系等功能。因此，公园不能因为用地性质的划分或建设方面的原因与城市环境相隔离，要通过公园界面的开放、公园内外流线的衔接、视线通廊的打通，更好地融入到城市中。例如综合性城市公园由于面积较大，设施、功能齐备，在城市的某个地块或者街区内对空间结构起着重要的组织作用，影响周边地块的发展。公园内自有的小天地，不同的功能用地在公园内占据不同的位置，拥有不同形式的边界，这都是由于受到周边环境的影响。

景观视线的分析与公园周边环境的景观质量息息相关。随着城市化进程的不断推进，城市公园的周边不断新建的高楼、拥堵的交通、污染的工厂等都会对城市公园构成威胁，影响公园使用人群的视觉和听觉感受。而公园周边良好的视觉景观为公园提供了远近不同的赏景视线，为公园设计中景观轴线的构建提供了基础。因此，应重点分析公园与周边环境相邻界面的优质景观和不良景观，优质景观通常有自然山水、城市地表建筑或艺术造型等，可以采用传统古典园林“借景”手法设置人群观赏点，控制景观轴线，针对一些森林公园，尤其重视视线的分析和梳理，通过确定眺望对象和眺望点，构建眺望视线廊道，完善公园内部景观视线组织。而对不良景观界面需要进行围挡或者回避，可以利用植物群落、垂直绿化、景观墙、景观小品等遮挡立面，并结合游线组织设计避开不良景观，降低使用人群停留的可能性。

综上所述，现状分析内容较多，包括自然环境、基础设施、文化、地形、植被、建筑、水体、景观视线等分析。现状分析重在研究公园内在和周边环境的关系，通过深入解读场地（图3-6）汲取设计灵感。梳理总结公园在区域范围内的独特资源与优势、机遇与挑战以及各种不利条件，或称之为SWOT分析（图3-7），有助于前期的分析内容与公园定位和主题、公园总体布局和专项设计相互对应。SWOT分析具体指Strengths（优势）、Weaknesses（劣势）、Opportunities（机会）、Threats（威胁）。

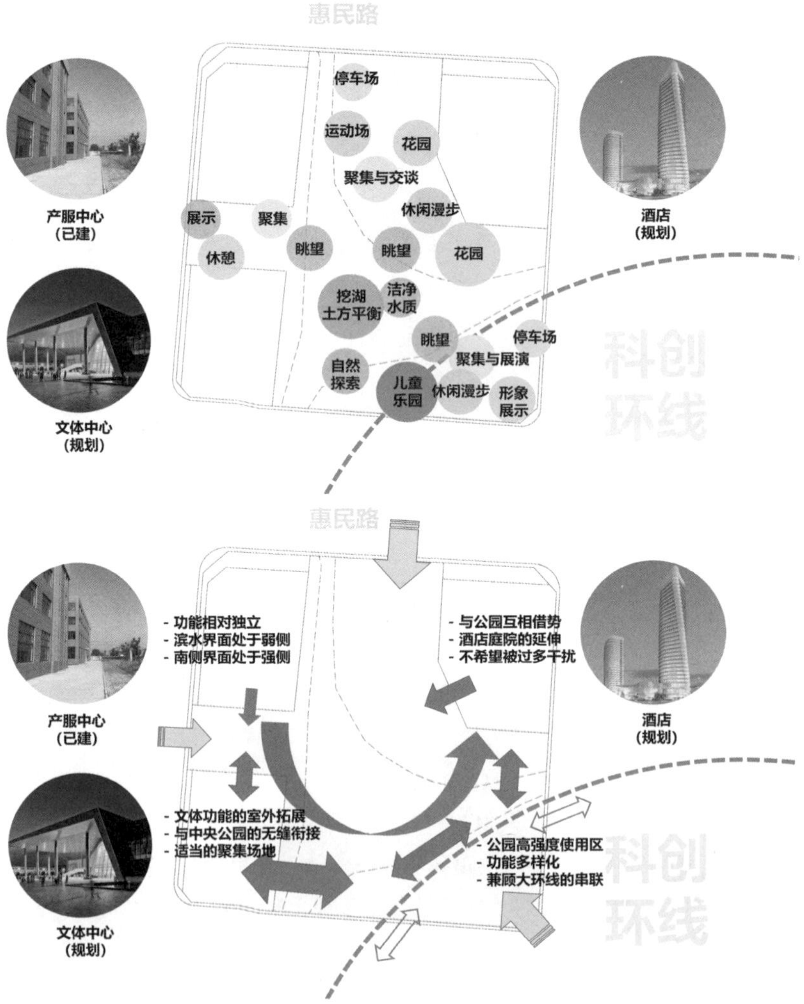

图3-6　场地解读

图3-7　SWOT分析

第三节　设计思路

一、使用人群分析

公园设计既要体现其艺术性与科学性，也要体现“以人为本”的基本原则，公园各种功能安排要能为市民服务，为游客服务，要考虑市场需求及社会效益、经济效益和环境效益的有机统一。

1. 明确使用对象

可以基于ArcGIS平台的网络分析模型测算公园服务覆盖范围，例如社区公园和游园的使用人群出行时间阈值可以设定为20 min，综合公园和专类公园等大型公园可视情况放宽至60 min及以上，也可以按照公园服务半径粗略计算，并估算覆盖范围内居住区的人数。至于潜在游客量的估算应综合考虑公园周边环境中不同性质、功能的用地，商业商务、文化和娱乐等大型设施对公园游人、潜在人流量、人流来往方向起着重要作用，直接影响公园开口的设置和功能分区。

2. 明确使用人群行为特征和偏好

城市居民到公园游憩的动机主要包括个人爱好与交际、接近自然与放松、情感交流和消磨时间。可通过实地深度访谈、问卷调查、行为地图、统计分析等调查方法进一步了解潜在使用人群的需求与意愿。具体而言，调查内容包括：①使用对象调查，包括使用者的性别、年龄、学历、宗教信仰、从事职业等；②使用者的需求调查，包括生理需求、安全需求、社会需求、尊重需求、自我实现等多方面；③使用者消费意愿调查，包括使用者的经济收入状况、消费习惯，对游憩活动的要求（主要使用方式）、视觉观赏的要求（内容与形式），以及使用者对项目建设的建议。

调查过程中应考虑不同收入层次的使用人群对游憩出行距离、公园内活动空间和游憩设施的需求与偏好。具体而言，应针对不同使用人群的具体需求因地制宜地配置游憩设施，在有限的空间内尽可能综合配置娱乐玩耍、教育看护、运动锻炼和社交集会类游憩设施，全面服务于使用人群的各种日常游憩需求（图3-8）。

在对使用人群行为特征和游憩偏好进行分析时，可以引入“景观公正”（Landscape Justice）概念，制定针对低收入人群、弱势群体的“补偿性”设计措施，保证所有游客群体在城市开放空间内都可以忽视年龄和文化

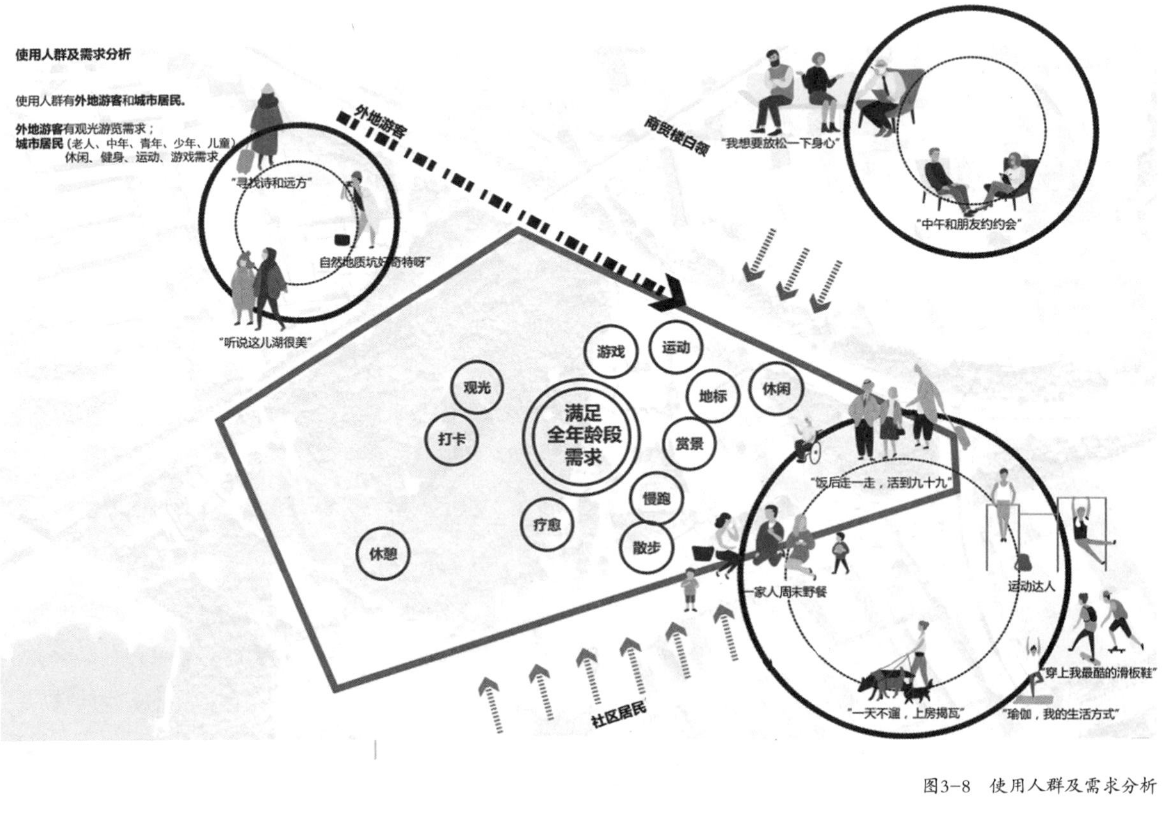

图3-8 使用人群及需求分析

背景，自由、安全地互动。以老年人为例，老年人等特殊群体具有独特的公园使用需求，且老年人群正逐渐成为公园消费主体，一般而言并不是老人特意寻求静谧，而是城市公共环境中没有营造可以激励他们参与集体活动的公共场所，如“广场舞”场所。他们需要通过参与当代社会活动，从中得到最基本的社会存在价值感，并不希望被当作纯粹的“被养老”角色。城市社区大型公共空间及其景观设计，宜为老龄群体提供可以吸引他们参与社会活动并展现社会价值的场所，这些活动的参与者应不仅包括老龄群体，还应包括中年人、青少年，以最大限度地满足老龄群体内在的社会存在感需求。具体而言，可以根据公园所处街道的老龄化程度高低，配置相应的“无障碍化”活动空间和游憩设施，并在活动空间增加塑胶等柔性材质的运用，也可以适当增加户外多功能娱乐场地和室内活动场馆的配置。针对弱势群体的适当的“设计倾斜”，更能体现“以人为本”的设计理念。

二、公园定位

我国正在经历深刻的转型发展，这对社会治理和社区建设提出了更高要求。因而，公园作为城市公共服务的重要组成部分，更需重归人本层面，关注基层社区的实际诉求，为人民提供生态和游憩服务。“15 分钟生活圈”的概念经过近年来的认知和推广，已逐渐运用到城市规划建设中，大量城市在总体规划中提出要将“生活圈”作为城乡居民生活的基本单元，逐步代替传统以街道为主的行政划分模式。具体而言，生活圈规划指以人的生活为出发点，合理组织满足居民日常生活需求的城市空间，保障社会资源均衡合理分配。

在生活圈规划背景下，基于使用人群需求层面，可以将公园定位分为三类（表3-1、图3-9）：

（1）日常游憩型公园：在满足居民日常基本活动需求的社区生活圈内，居民使用频率高、持续时间较短，仅围绕居住小区及周边展开，主要的公园类型有社区公园、游园、小型开放空间等；

（2）综合游憩型公园：在包含居民通勤及工作的通勤生活圈内，通常以一日为尺度，空间上除了居住地及附近区域外，还包括工作地及附近区域，主要的公园类型为综合公园、都市滨水带、部分历史文化景点等；

（3）拓展游憩型公园：在满足居民偶发性活动的拓展生活圈内，活动通常在周末开展，因此以一周为尺度，并以都市区为生活圈的空间范围，主要类型为各种专类公园和城市建设用地外的风景游憩绿地。

表3-1　基于生活圈划分的公园定位类型

公园定位	圈层结构	公园特性	使用频率	主要公园类型
日常游憩型	社区生活圈	是满足居民最基本需求的生活空间，该圈层的公园绿地可以满足居民日常基本健身、娱乐、社交等休闲需求	每日，短时多次	社区公园、游园、小型开放空间（口袋公园、袖珍广场、街头绿地）等
综合游憩型	通勤生活圈	该圈层公园绿地是多个社区的居民共享的，可以进行比社区生活圈更为高级的休闲活动	一到三天	综合公园、都市滨水带、部分历史文化景点等
拓展游憩型	拓展生活圈	在都市区尺度，以居民偶发性的行为为主，例如居民在周末远距离进行休闲娱乐活动	低于一周一次	专类公园、城市建设用地外的风景游憩绿地

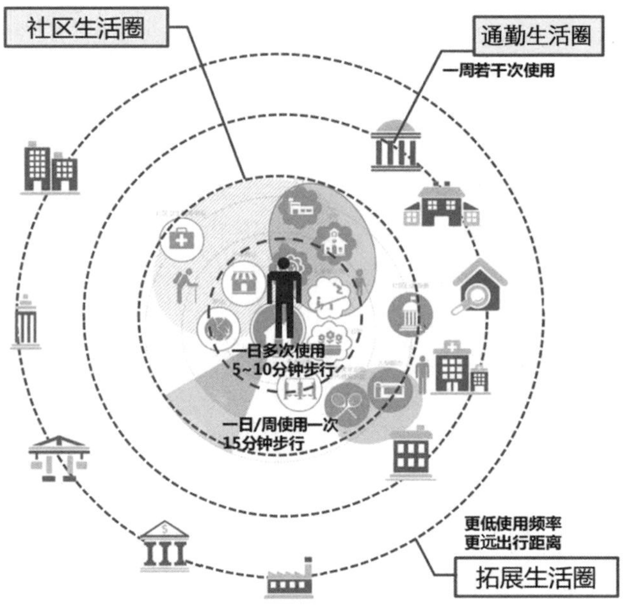

图3-9 生活圈类型

1. 日常游憩型公园

日常生活圈内的城市社区公园、游园作为城市绿地系统的重要构成要素，因其离家近、使用便利的特点，成为居民日常生活中使用频率最高的城市绿地类型，相较于其他类型的城市绿地，社区公园体现出更高的休闲游憩价值，相应地，居民对城市社区公园也提出了更深层次的要求。

社区公园、游园作为居住区公园，是为市民休闲服务的仿自然公共绿地，规划设计时重点应以人为本，充分考虑各类人群的不同需求，创造安全、方便、闲适、亲近自然的公共场所。然而，目前很多居住区公园存在规划营建以及管理维护方面的不足，导致使用者过少、人群停留时间极短、公共服务设施形同虚设，活力低下。有些居住区公园的设计中存在着过分追求形式而忽视使用功能的倾向。居住区公园内缺少完善的可供学龄前儿童游戏、中小学生运动以及中老年人健身交流的场所和配套设施，有些居住区甚至混淆了公园的服务对象和使用性质，吸引了大量外来人员，从而影响了居住区的安静和安全。即使是开放的居住区公园，其性质也是为本地区居民服务的公共绿地，公园内的活动设施也应面向本地区居民，而不宜建成商业化活动场所。

案例1：美国纽约中央公园（图3–10）

1856年，奥姆斯特德和沃克斯两位风景园林设计师设计了此公园。中央公园坐落在高楼林立的曼哈顿中心，是纽约这座繁华都市中一片静谧休闲之地。中央公园南起第59街，北抵第110街（南北相距约4023 m），东西两侧被著名的第五大道和中央公园西大道所围合（约805 m），公园占地约3.4115 km^2，长跨51个街区，宽跨3个街区，面积达340 hm^2，是世界上最大的人造自然景观之一。

19世纪50年代，纽约等美国的大城市正经历着前所未有的城市化。大量人口涌入城市，经济优先的发展理念，不断被压缩的公园绿化等公共开敞空间使得19世纪初确定的城市格局的弊端暴露无遗。中央公园建设之初就定位为纽约城市中心的“绿肺”，解决包括传染病流行在内的城市问题，满足市民对新鲜空气、阳光以及公共活动空间的需求。历经160多年岁月的中央公园，依然宛如一块清澄的碧玉镶嵌在纽约曼哈顿半岛的钢筋混凝土森林中，成为这座世界城市喧嚣的都市氛围中一方分外珍贵的净土，并毫无保留地融入纽约人的日常生活当中。纽约中央公园的建设对城市的贡献也是无法估计的，这样早有预见的城市公园是很好的学习榜样，如今纽约人能在市中心享用到如此优美的大公园，这在世界上也是为数不多的。由此可见，建设之初便需要对城市公园的功能、作用进行清晰的定位，保证公园的可持续发展。

图3–10　美国纽约中央公园

案例2：老城区“见缝插绿”零星绿地提升改造项目——浙江省嘉兴市嘉善县玉兰路口袋公园（图3–11）

公园设计目标为打造一个独属于嘉善的现代时尚、功能新颖、体验感强、能够提升社区活跃度的口袋公园标杆。其定位主要从四个方面考虑：其一，思考口袋公园的定义是什么。口袋公园也称袖珍公园，指规模很小的城市开放空间，常呈斑块状散落或隐藏在城市结构中，为当地居民服务。建设口袋公园是城市运营管理阶段对初期建设阶段绿地空间的提升补充手段，基本规模小于1 hm^2。其二，思考现在和以前的口袋公园有什么区别。1967年5月23日，美国纽约53号大街的佩雷公园正式开园，标志着口袋公园的诞生。作为口袋公园的开山鼻祖，它展示了简单但是精致的城市休闲功能。而随着城市建设规格和标准的不断升高，人们对城市休闲功能的需求也在提升，从简单休憩功能逐渐向融合健身娱乐设施、精神文化展现、户外人群交互体验的复合休憩功能转变。时至今日，城市的建设者越来越关注绿地本身的意义，能够从其最基本的功能出发，希望人们在户外得到更多这个时代缺失的一些体验。其三，分析原公园存在的问题。原先的公园运营管理不足、维护不当，公园陈旧，围墙受损，功能单一，利用率低，美观度一般，缺乏吸引力，各种各样的问题导致公园附近的环境体验不佳。其四，公园周边环境以住宅和学校居多，户外休闲娱乐的需求大。放学时间，学校附近有大量的接送人群驻留，希望可以有一片较大的集散场地。

案例3：加拿大多伦多桥下公园

公园定位为供周边市民休闲娱乐和社会交往的公共空间。桥下公园位于多伦多市中心一段高速高架桥之下，曾经无人问津的荒废土地如今成了活力十足的公共公园，不仅为周边市民的休闲娱乐和社会交往提供了空间，同时也打通了新旧社区与附近公园的联系。改造前的场地正如所有这类废弃空间一般，因为普通民众的视而不见而充斥着违章停车与非法活动，潜在的安全隐患愈发让人唯恐避之不及。而如今，这个占地1.05 hm^2的

图3–11　口袋公园

桥下公园已成为区域内最重要的两个公园之一，打通了科克城公园、河滨广场以及高架路两侧社区的联系，在多伦多的东城建立起一个生机勃勃的完整社区空间。高架路如同一把巨大的保护伞，为桥下空间遮风挡雨，打造出一片全年无休的活动场地，无论白天或夜晚，篮球、曲棍球、滑板等种种活动激活了公园空间，甚至在多伦多常见的极端天气状况下也不例外（图3–12）。

图3–12　多伦多桥下公园改造前后对比

随着城市密度的日益增加，从传统公共空间的角度去寻找建设新型公园空间的难度也日益增加，因而作为景观设计师，挖掘无人问津的场地的潜力并赋予其活力和价值，让其成为公共领域中不可或缺的一部分是我们最重要的职责之一。

2. 综合游憩型公园

城市综合公园不仅具有城市开放空间的功能，更是居民工作和生活的延续。前文提到日常使用类公园通常定位为为附近社区居民提供游憩服务，而通勤生活圈内综合公园的使用人群除了服务覆盖范围内的城市居民，还包括一定数量的外来游客，其兼有供游客游览、观赏、休憩，开展科普、文化及锻炼身体等多项活动需求的功能。因此，此类公园定位往往与城市风貌密不可分，聚焦城市居住、工作、游憩、交通四大基本职能，充分发挥城市公园的生态和游憩功能，打造城市地标和文化岛屿，成为展示城市魅力的重要窗口和绿色客厅。

例如，浙江省嘉兴市嘉善县中央公园定位为：①具有现代时尚特色，展示嘉善现代水乡特征、新区新生活的综合性公园；②能够让市民充分体验城市未来发展的活力与魅力的公园；③兼具生态性、公共性、商务休闲性的公园。而嘉善白水塘滨河公园定位为：①城市绿地与城市水系融合，打造多样化的滨水景观；②充分展示嘉善文化底蕴、文化特色；③创造连续的滨河慢行系统。

案例：江苏省南京市玄武湖公园（图3-13）

国家 4A 级景区南京市玄武湖公园位于紫金山脚下， 树木繁茂且名胜古迹众多，被誉为“金陵明珠”，是南京的大型综合性公园。玄武湖景区总面积513 hm^2（含情侣园40 hm^2），其中，湖面面积378 hm^2（含情侣园10 hm^2），陆地面积135 hm^2（含情侣园30 hm^2）。玄武湖公园历史悠久，六朝时期为皇家园林，明朝时为黄册库（明代专门收贮全国赋役档案的中央档案库）。1911年，玄武湖被辟为公园，因湖中有五个小洲（环洲、樱洲、菱洲、梁洲、翠洲），故又名 “五洲公园”。五洲之间，桥堤相通，别具其胜，山水城林相融之美彰显。自2010年10月1日起，玄武湖公园实行全面免费开放，目前已成为南京市民休闲游憩的重要场所之一，具有城市开放性公园的典型性和代表性。

玄武湖公园为古都南京名胜古迹的荟萃之地， 也是南京市最大的综合性文化娱乐休闲公园。最新版景区详细规划对其重新定位：①玄武湖现有功能定位由单纯的城市公园变成城市风景区；②将玄武湖风景区打造成国家级的知名景区；③城市旅游休闲中心。其定位主要从三个方面考虑：其一，“抓住灵魂”，强调历史文化和自然生态。湖中分布着各具特色的五块绿洲，洲上名胜古迹荟萃，其中，童子拜观音石和郭璞亭最为著名，结合植物景观分别形成“环洲烟柳”“樱洲花海”“菱洲山岚”“梁洲秋菊”“翠洲云树”的盛景。其二，“抓住游客”，既包括市民，也涵盖外来游客，通过规划集观光、旅游、休闲、娱乐于一体的活动与游览线路，打造包含陆、水、洲、城的多样性空间体验，给游客留下深刻的印象。其三，“抓住消费”，主要依靠宣传和策划、经营与管理，适当安排美食文化节等节庆活动。

玄武湖公园规划建设秉承地域性和中国传统园林“师法自然”的原则，选择以水面为核心，以水岸和植物群落为重点，以自然要素和植物为手段，重塑了一个完整和谐的玄武湖生态空间。①植物造景突出生态主

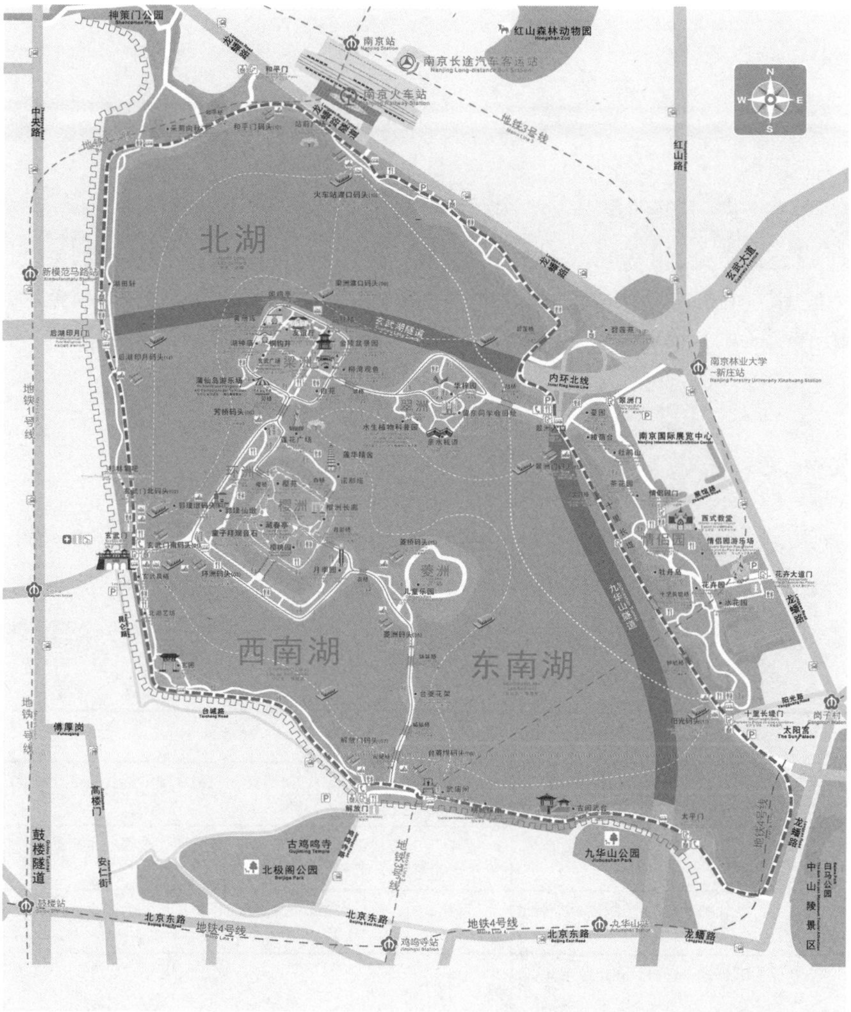

（a）

（b）

图3-13　南京市玄武湖公园

题，强调崇尚自然的设计理念。②还原历史植物景观，突出历史文脉。原有的主要植物都予以保留和保护，并巧妙地融入景观改造之中。③凸显五个洲不同的植物特色，增强导视效果。每个洲都有各自突出的骨干树种，特色鲜明。如樱洲在环洲怀抱之中，是四面环水的洲中洲，洲上遍植樱花，早春花开，繁花似锦，人称“樱洲花海”。

3. 拓展游憩型公园

与日常生活圈和通勤生活圈不同，拓展生活圈内的专类公园应满足使用者除日常游憩休闲、娱乐交往以外的个性化需求，具有特定内容或形式，有相应的游憩和服务设施。专类公园主要分为公益配置类、科普教育类、历史展示类、风景观光类、文艺体验类和主题游乐类6类（表3-2）。

表3-2　专类公园定位类型

公园定位	特征	包含种类
公益配置类	针对儿童和体育爱好者等特定人群，配备一定的专业设施，提供公益性儿童和体育活动场所的专类公园	儿童公园、体育公园，以及其他公园绿地中的儿童活动和体育活动区
科普教育类	通过动植物迁地保护或其他自然资源保护，进行科普教育与展示活动的专类公园	动物园、植物园、地质公园，以及其他公园绿地中的动植物展示区和动植物科普角
历史展示类	依托一定的历史和文化资源，在保护的基础上进行文史展示和教育的专类公园	历史名园、遗址公园、纪念公园，以及其他公园绿地中的历史文化保护利用功能区
风景观光类	依托一定的风景资源，在保护的基础上进行风景游览和审美体验的专类公园	森林公园、风景名胜公园和湿地公园
文艺体验类	针对特定的文化艺术形式，配备相应的设施，提供文化艺术展示、宣教等功能的专类公园	音乐公园、艺术公园、雕塑公园、文化公园，以及其他公园和绿色空间中的文化艺术展示区
主题游乐类	配备专业游乐设施，提供主题游乐的专类公园，多采取商业化的运营模式，有一定营利性目的	主题游乐公园，以及综合公园和其他绿色空间中的游乐设施区

（1）公益配置类

案例：浙江省湖州市南太湖体育公园（图3-14）

公园定位为体育公园，现状是被Y形河道分割成三个区块，那么如何形成一个从形式到功能都较为完整的体育公园？设计对策为建设水上跑道，将400 m标准跑道飞架于河道上，犹如拉链串起略显窄小也不够完整的三个区块，形成统一场地。设计积极回应现代人缺乏运动这个现象，没有时间不过是一个借口，深层次的原因是现有的运动场地缺乏氛围和吸引力。例如缺少一起运动的伙伴、缺少直观而长效的激励、缺少环境优美的场地等，基于此，公园设计者提出建立健身圈子、运动积分化、打造景观中的运动场等策略，具体包括荧光跑道、梦幻廊桥、丝绸漫步、吴冠中画意建筑等景观节点，使体育公园具备成为“网红”的潜质，吸引人群来公园游赏休憩，更进一步推动健身运动。

主要经济技术指标表			
项目		数量	单位
总用地面积		53674.3	平方米
水域面积		18334.2	平方米
陆地面积		35340.1	平方米
其中	绿地	17029.7	平方米
	硬质	18310.4	平方米
总建筑面积		16278.4	平方米
其中	地上建筑	3042.5	平方米
	地下建筑	13235.9	平方米
机动车停车位（地下）		226	个
非机动停车位（地上）		64	个

（a）

（b）

图3-14　湖州市南太湖体育公园

（2）科普教育类

案例1：海南省海口市金牛岭公园

公园定位为热带植物园，其定位主要从三个方面来考虑：一是大环境建设的需要。经过近些年的生态建设，海口市取得了很大的成绩。尤其在公共绿地建设上，先后建起了美舍河带状公园、西海岸带状公园、世纪体育公园、白沙门公园及众多街边小公园，还进行了“一园两湖”整治，使得海口市公园建设整体上了一个台阶。但20多个城市公园中，还没有一个专业的热带植物园，这是海口市作为省会城市及国家园林城市在园林工作中需要弥补的不足。二是自然环境、生物资源适合。在海口市现有的免费开放的市政公园中，金牛岭公园面积最大，公园占地92.11 hm^2，绿化基础好，且地形地势自然起伏，依山傍水，风景秀丽，可谓山水并济，又是海口市三个一级饮用水源保护区之一。建设公园时，较好地保留了1958年以来历年市民义务植树和园林部门营造的荔枝林、竹林、假槟榔林、槟榔林、野刺露兜林等独具特色的林分，特别是建园十几年来，公园管理者对乡土树种进行开发应用，并植树引种、驯化，增加了各种奇花异草，其中有国家一、二级保护植物海南降香黄檀、青皮、坡垒、子京、柚木、蝴蝶木、白木香、龙血树等，棕榈园种有50个品种的棕榈科植物。三是历史文化资源及人文资源的开发利用。相传古时太上老君坐骑金牛怜恤当地民众遭受干旱之苦，降临岭上呼风唤雨，造福百姓，此后当地百姓便将此岭唤为金牛岭。金牛岭公园自建园后，先后被省市政府相关部门列为“环境保护教育基地”“爱国主义教育基地”“海南省青少年科技教育基地”“海口市青少年科普教育基地”“未成年人道德教育基地”“海口市花卉栽培科技示范基地”，公园中还建有“解放海南岛战役烈士陵园”。自2004年11月公园免费开放以来，年游客量已突破150万人次，其中相当部分为海口市各大中专院校和中小学学生，建设具有本地特色的热带植物园，可以很好地满足学生们对本土自然资源的认知需求，并可加强他们对本土文化的认同感。

案例2：浙江省杭州市临平公园杜鹃园（图3-15）

公园定位为杜鹃植物园，取名“松涛流绡”，意为松树林之下的一片红色绸布，杜鹃花开唯美而壮观［图3-15（a）］。杜鹃花品种繁多，包括猴头杜鹃、鹿角杜鹃、秦娥、红妆素裹、皇冠、幻境、小莺、紫孔雀、若姪子、火烈鸟等［图3-15（b）］。

杜鹃园原来的林区岩石多、土层薄、树种单一，还有被大雪压断的松枝和大树，灌木丛凌乱，野草杂乱丛生。设计秉承“尊重自然、改造自然、人与自然和谐共生”的原则，结合公园地形实际进行设计和改造，对长势不佳的树木进行迁移，并对园内的树木进行修枝，增加林下光照面积；铺筑园路所用石材、木材等均源于原来的林区［图3-15（c）］。园区按照原有地形，从种植片区的划定到杜鹃花品种的选择、从观光平台的搭建到视觉景观效果的感受、从转角挡墙地被植物的点缀到樱花和鸡爪槭的选种、从石板汀步的布置到叠石堆砌的自然景观等方面进行巧思设计与精妙打造［图3-15（d）］。改造后的杜鹃园层次分明、布局合理。园路蜿蜒成趣、通幽小径首尾相连、卵石成片，并与主路一脉贯通［图3-15（e）］。特别设置的四个木平台可供游人休憩、俯瞰园景［图3-15（f）］。园内300余种大小不一、花色不同、花期各异的杜鹃花绚丽绽放，已成为市民共享生态、释放身心的绝佳去处。

（a）

（b）

（c）

（d）

（e）

（f）

图3-15　杭州市临平公园杜鹃园

（3）历史展示类

案例：美国纽约“9・11”国家纪念广场（图3-16）

为了纪念“9・11事件”，在双子塔原有的位置上设立了庞大的瀑布，周边设置了森林广场。在纽约的中心，在这座充满活力、朝气蓬勃的城市中心，有这样一片提供沉思与回忆的地方。设计定位为纪念性景观，设计目标主要有：①强烈感受到双塔原来的存在；②通过纪念体验吸引人们的身心；③在忙碌的城区中营造出一片宁静、美丽、开放的空间。

（a）

（b）

图3-16 美国纽约“9・11”国家纪念广场

（4）风景观光类

案例：浙江省杭州市江洋畈生态公园（图3-17）

公园定位为生态公园，是杭州第一个生态公园。然而，什么是生态？首个生态公园要展现出怎样的面貌？这是极富挑战性的。自杭州市2000年实施西湖综合保护工程以来，西湖给大家呈现了崭新的面貌，获得了广泛的好评与肯定。在西湖周边的区域，无论是茅家埠、长桥，还是著名的西溪湿地，弯曲的道路，丰富多样的水生植物，茅草亭、木栈道、木桥、民居建筑都广为使用，这些与紧靠着西湖的历史景观相比，显得更为简朴并富有野趣。可以说，在江洋畈生态公园出现之前，这些几乎就是杭州的“生态”的面貌。

然而，江洋畈生态公园如今呈现出来的“生态环境”却非常不同，它使用了大量的金属材料，建筑、亭廊、栈道、坐凳的结构都是钢结构，栏杆、宣传牌、科普牌和生境岛的围挡用的也是钢材，还使用了铝合金和铝镁锰金属。这些构筑物的形式都极为简洁，除了必要的结构要素，并没有民居式的细部装饰，也没有园林建筑以往的高低错落与变化玲珑，这与西湖成功的“生态景观”反差太大，也似乎与人们心中的“生态”距离很远。然而，这些金属材料在江洋畈潮湿的环境中更坚固耐久， 能够在预制加工后现场安装， 减小施工作业对环境的干扰， 能够与其他材料合理搭接， 形成稳固和轻盈的结构体系， 还能够回收利用。可见，江洋畈生态

图3-17　杭州市江洋畈生态公园

公园最初就选择了“不走寻常路”，而这条路的第一步，竟是直接将公园的最大主题“生态”进行了对传统理解的颠覆。

在国外早有风景园林师尝试营建野花、野草组成的“荒地”，或在垃圾填埋场用荒草稀释土地污染，同时获得一种独特的风景，这种设计理念亦慢慢被西方政治家和公众所接受。江洋畈生态公园也采用了这种方式。

（5）文艺体验类

文艺体验类公园针对特定的文化艺术形式，配备相应的设施，提供文化艺术展示、宣教等功能。如上海市静安雕塑公园定位为雕塑展示，四川省成都市天府新区消防文化公园定位为消防文化的展示和科普教育，设计结合了“学识”（消防知识）、“感知”（生态技术）、“玩乐”（消防营地）、“运动”（康体健身）四大主题（图3–18）。

（6）主题游乐类

主题游乐类公园，顾名思义，其定位为游乐园，设计结合儿童游乐设施、成人休闲设施，打造特色景观。除了主题游乐公园，还包括综合公园和其他绿色空间中的游乐设施区。使用人群可以覆盖幼儿、少儿、青少年、中年人、老年人，而不局限于单纯的儿童乐园，让不同年龄层次的游客各享其乐，为场地注入活力（图3–19）。

图3–18　成都市天府新区消防文化公园

图3–19　主题游乐类公园

三、公园主题

1. 地脉

公园的主题设计一般从公园的地脉与文脉着手。公园主题的确定常常受公园场地的条件或周边环境条件的影响，也就是我们常常说的地脉的影响，地脉常常影响功能使用，而使用又是公园设计最重要的因素。因此，从地脉出发确定公园的设计主题，能使公园的设计更具实用性。

案例1：青海省原子城国家级爱国主义教育示范基地纪念园（图3-20）

清华大学朱育帆设计的青海省原子城国家级爱国主义教育示范基地纪念园（以下简称原子城纪念园），其主题“为了那片青杨”，正是根据场地中留存的青杨树而确定的。在海拔3100 m的高原恶劣的生境中，大型乔木是难以自生的，只有在得到基本养护的前提下才能存活，青杨这种速生树种在青海生长得极为缓慢，一年时间胸径才能增加1 cm。树木的胸径尺寸成了如年轮一般的岁月的直接换算单位，这些参天青杨正是当年在此开拓建设的创业者亲手栽下的，在这里，青杨已不单是景观要素，而是成为记忆的文化载体和历史见证。速生林通常情况下是设计师大笔一挥之下的牺牲品，到了此地此情此景，对于这片青杨林，这段历史活生生的全景式的见证者，对于它们任何一种形式的漠视和轻弃都不亚于是一种犯罪。“为了那片青杨”，正是原子城纪念园景观设计中一切创作行为的基点。原子城纪念园中，一条长700 m的路径，5道钢板门，4组主题雕塑群，与场地中留存的青杨林一起叙事性和隐喻性地展现了一幅中国人自主研制原子弹过程的宏伟篇章。

（a）

（b）

图3-20　青海省原子城纪念园

案例2：美国纽约泪珠公园（图3–21）

该设计获2009年美国景观设计师协会ASLA综合设计类荣誉奖。项目位于下曼哈顿地区，面积仅1.8英亩（约7284 m^2），处于高层建筑（高64～72 m）的包围之中，基地为20世纪80年代对哈德逊河部分岸线围填造陆形成。基地异常局促，自然条件也较恶劣，存在地下水位较高、土质不佳、建筑阴影区面积非常大、来自哈德逊河的干冷风猛烈等众多限制因素。光照、水土、气流等多种限制条件的综合作用，在一定程度上决定了景观元素、游览项目以及植物群落等的取舍和空间配置。该项目的景观设计师没有图省事、落俗套地将它做成一个以俯瞰为主的楼间绿地，而是通过小地形处理、高墙隔断、借景和蜿蜒的步道系统，完成了空间序列的塑造，为平坦且平淡的弹丸之地增加了景观层次，并在施工、照明、儿童发展、土壤、植物等多专业的配合下，将它打造成了一个空间丰富、开合有度、生意盎然、老少皆宜、可持续并兼具为候鸟等多种动物提供优质生境的公园。

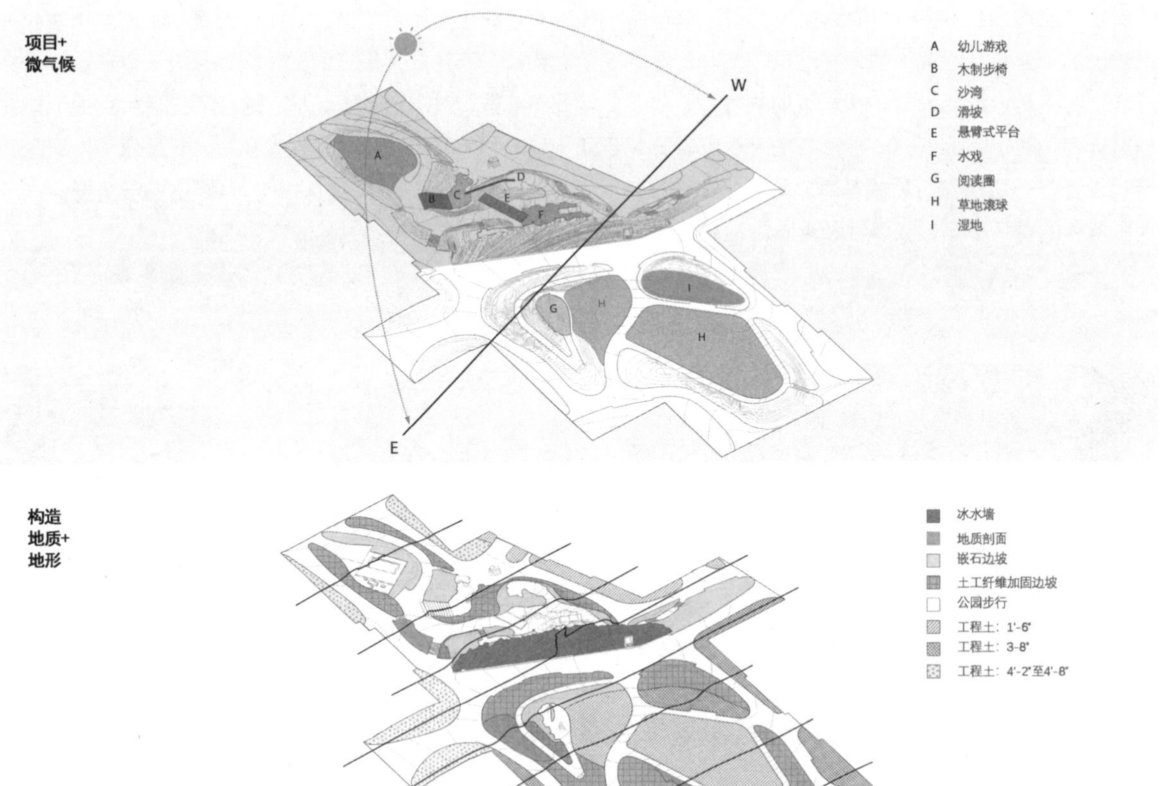

（a）总平面图

公园设计主题为“自然与可持续性发展”，提倡从自然中提炼设计元素，如水、石、沙、植被等。在方案设计、材料选择和建设实施等各方面采用了多种可持续的措施：公园的布局和项目的设置是基于周边建筑引起的微气候的差异性［图3–21（c）］；“冰与水”石墙［图3–21（d）］以及公园其他所需石材均来自805 km以内的采石场——尽量采用本地或附近地区产的材料，是可持续场地行动计划（SSI）的要求之一；公园所需的全部灌溉用水，均来自附近一幢获绿色建筑评估体系金质认证的建筑的中水，以及公园内地下储水管截留的暴雨径流；对园内的混合土都有针对性地做了精心调配，以达到最佳的生长条件；园中大部分植物都是乡土植物，这不仅为候鸟等提供了优越的生境，也有效启动了那块无生命活动的试验地（土来自世贸中心遗址）上的自然演替；人造有机土壤及合理的养护制度，避免了杀虫剂、除草剂、杀真菌剂等的使用。

（b）公园北部的碗形草坪

（c）滚球草地向南倾斜接受阳光

（d）“冰与水”石墙阻隔冬季寒风

图3–21　美国纽约泪珠公园

2. 文脉

一方水土养一方人，一个城市的传统文化风情与城市的自然环境相互融合，形成了城市的凝聚力和精神。城市“文脉”脱胎于城市文化，“文脉”是指相关联的各种元素之间的内在联系，具体表现为部分与部分、部分与整体之间的内在联系，对于城市设计领域来说，城市文脉就是城市与环境的关系，是城市的整体与其文化背景之间的关系，遵循文脉延续是历史城市进行理性更新的必然选择。城市文脉的形态主要包括显性形态与隐性形态。显性形态指城市中的物质空间，由城市中较直观的要素设计组成，如城市的自然环境、建筑、人群等；而隐性形态指对城市的发展和形式有深刻影响的、潜在的各种元素，如城市的经济发展、政治状况、历史、文化、技术及社会习俗等。同时，显性与隐性不可分隔，它们是相辅相成、缺一不可的。另外，城市文脉注重在文化环境上为人们创造连续的、使人感受到历史变迁和生活场景变化的背景，不仅注重在视觉上为人们提供轻柔明快的视觉享受，也注重在空间环境上为人们创造舒适方便的生活空间。

因此，在公园设计中，不仅要从城市的显性文脉角度进行公园主题的提炼，同时也不能忽视隐性文脉的作用。第一，将隐性文脉元素通过设计手法进行一定的物化，形成市民们乐于前往并使用的空间或者构筑物。第二，将地方文化符号通过形式语言反映到环境当中，实现生态与文态并重，创建以体现本地人特有的精神面貌为特色，以文化内涵作为软性资本的绝佳场所。在许多城市公园的设计中，将城市文脉的隐性形态进行物化，通过物质空间形态、建筑小品形式和当地特色材料来唤起城市的记忆。

案例：江西省吉安市窑国家考古遗址公园入口形象区设计（图3-22）

设计旨在传承地域文脉，打造文化地标，让千吉火塔成为永和镇的一处重要地标和吉州窑文化的展示平台。设计师通过挖掘吉安“中秋烧火塔”这一传统民俗文化，结合吉州窑窑烧文化，利用交错堆叠的红色陶砖，设计了一座具有文化标识性与传承性的千吉火塔，并在火塔旁设置东汉置县场景雕塑，诉说历史故事，营造出积极健康的地域文化氛围。设计师在场地条件的基础上延续古村古镇的乡土风貌的同时又营造了丰富的景观体验。

（a）吉安“中秋烧火塔”

（b）交错堆叠的红色陶砖

（c）千吉火塔

（d）东汉置县场景雕塑

（e）草轩小桥流水

（f）回收利用的老石材

图3-22　吉安市吉州窑国家考古遗址公园入口形象区——千吉火塔

四、设计元素

1. 自然元素

设计元素的确定，有助于从整体上形成统一的设计风格，提升公园的可识别性和认同感。设计元素和设计主题相关，以地脉为设计主题的公园，设计元素通常源自自然环境的形态、色彩和内涵，自然界中常见设计元素有山形、水势、石、沙、风、雨、雪、植被等。①可以将自然元素与公园整体布局、路网组织相融合

（图3–23）。如以“树叶”为设计元素，“叶脉”象征着联系各个城市板块与社区之间的纽带，也是人与人之间交互的纽带，影响口袋公园的空间组织。树叶的“绿色”象征着生命和自然活力，设计时以绿色塑胶地坪作为硬质场地材质，将人工景观融入绿色自然之中［图3–23（a）］；又比如以“细胞”为设计元素，提取细胞颜色、形态，最终实体化成公园的整体结构和景观设施［图3–23（b）］；②也可以利用设计元素再现大自然风貌，即所谓的源于自然、高于自然。例如纽约泪珠公园用天然石料堆叠成现代风格的景观艺术品——“冰与水”石墙，贴近自然。公园整体仿佛一个峡谷，“冰与水”石墙以南为高程较高的丘陵地带，象征山丘，北侧高层较低的腹地象征峡谷，通过地形改造将自然界丰富的地形地貌浓缩于一园之中，“冰与水”石墙起到分割“山丘”与“腹地”的作用。

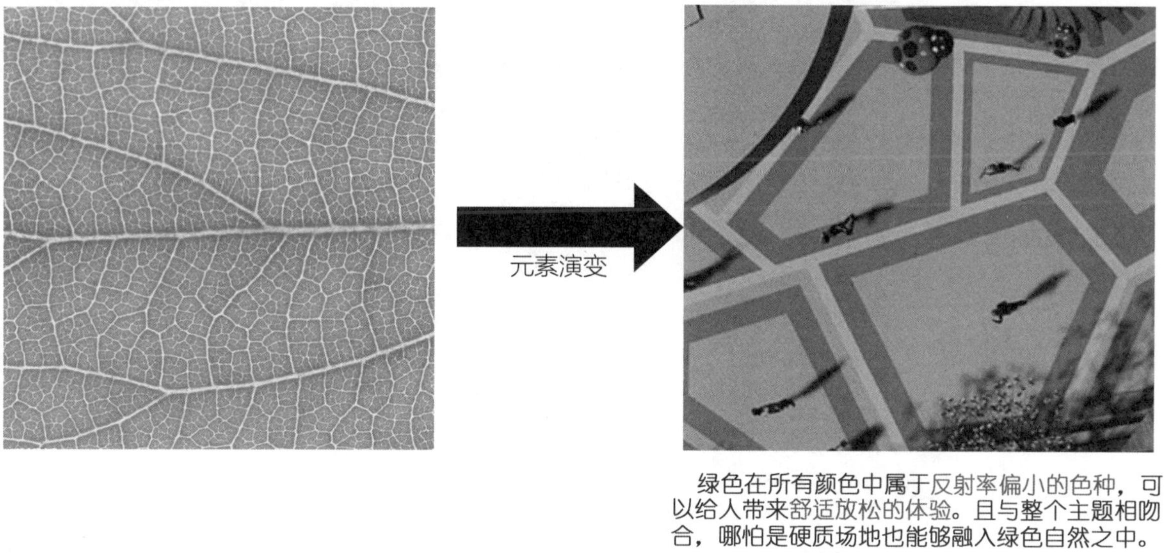

（a）树叶设计元素

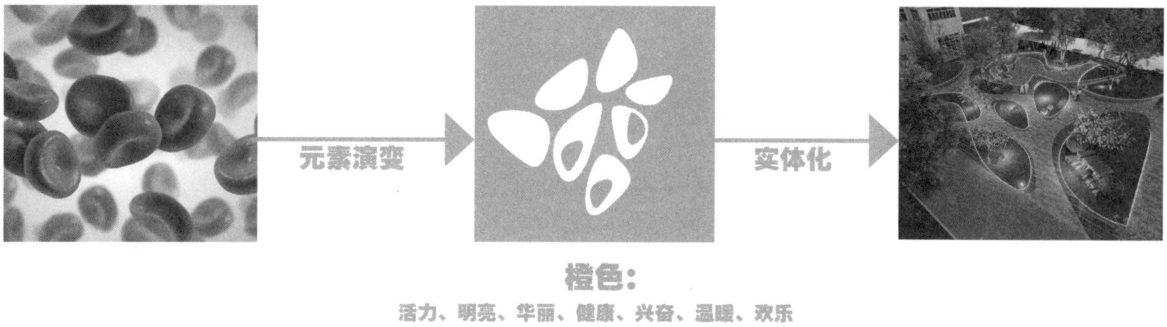

（b）细胞设计元素

图3–23　设计元素的提取

以水中泛起的涟漪这一自然设计元素为例（图3-24），可以将涟漪简化为“圆”的元素，设计出艺术性、趣味性与互动参与性相辅相成、相互融合的后场空间，多个圆形组成的场地透着几分可爱与悠闲的惬意，似云朵又似水波，高低错落，趣味性呼之欲出；或结合一片墙、一方石、一圈涟漪形成独特的景观节点；或在园林水景中加入涟漪效应设备，水面泛起层层涟漪，让人联想到簌簌的雨声，增添设计情趣；或结合景观涟漪打造日式枯山水庭园，一砂一极乐，一方一净土。犁出的白砂纹化为涟漪，与建筑自由平面、自由立面呼应，融为一体，是抽象的禅文化与美学的具象体现，是人们接近其文化内核的契机。也可以用平面铺装的形式代替传统的白砂铺地，表达新的演绎形式下江南山水的细腻。

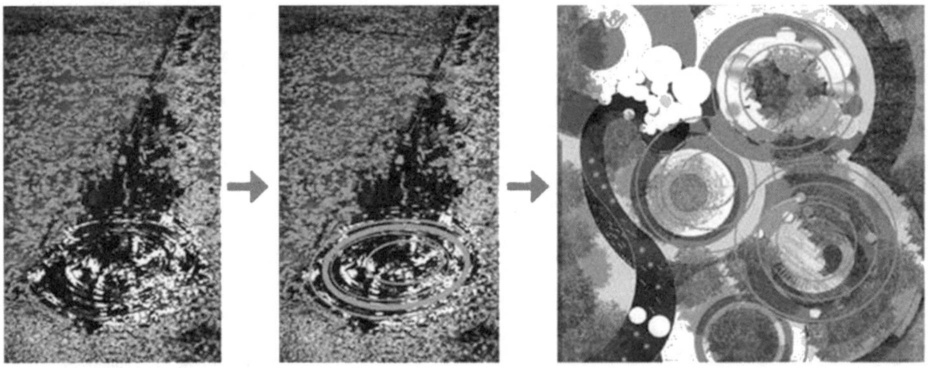

林染落花　　元素提取　　设计演变

（a）林染落花元素演变图

（b）花溪游鱼，落英泛漪 | 重庆融创 · 映湖十里

图3-24　水中涟漪设计元素

2. 人文元素

以文脉为设计主题的公园，设计元素通常源自传统文化、地域文化、乡土文化的形态、色彩和内涵。常见文化元素包括亭台楼阁、传统绘画、剪纸皮影、汉字书法、古老壁画、雕刻艺术、茶艺、梨园戏曲、文学思想等。文化符号有很多种类，有传统的吉祥物，如青龙、白虎、朱雀、玄武、长寿龟、貔貅、仙鹤等；有五行的金、木、水、火、土；有周易及风水理论；有民族特色图案，如龙凤祥纹、饕餮纹、如意纹、雷纹、回纹、巴纹、祥云图案、中国结、刺绣等；有吉祥文字，如福、禄、寿、喜等；有传统上深受国人喜爱的植物，如梅、兰、竹、菊、牡丹、荷花、松柏、石榴等；还有地域文化，如特定区域的生态、民俗、传统、习惯等。

现代设计中常把这些文化符号抽象或简化成设计元素，表达中国传统文化内涵，表现形式也丰富多样。可以将整合提炼的设计元素符号与公园内部道路铺装纹案、景观构筑物、景观小品、设施、植物配置相结合，转化成公园独特的视觉设计语言，进而获得形态及色彩上的融合，保证人文环境的整体性和连续性。如陕西省西安市大雁塔北广场休闲景区，将雕塑艺术和陕西戏曲文化艺术结合，以展示陕西地方戏曲秦腔为主体，体现了陕西地域文化的本土特色。园区内可以看到许多戏曲文化特色群雕，最吸引人的是生、旦、净、丑四大角色的脸谱雕塑，还有带有传统纹样的景观灯具及景观墙，表达了人们对生活的期盼与祝福，体现出古都的历史文化底蕴（图3-25）。

图3-25　西安市大雁塔景区文化元素

第四节　方案设计

一、公园总体布局

1. 内外交通组织

（1）公园主要出入口的设置

公园的主要出入口，以其强烈的视觉引导性和标识性，往往成为城市景观的标志性节点。不仅如此，出入口的设置在很大程度上影响使用人群出行的方便可达程度，那么一般在什么位置设置出入口？

除了在公园毗邻的城市主、次干道设置公园主要出入口外，还要在周边环境主要的人流方向上设置出入口，并要配有相应规模的集散广场（图3-26）。公园周边用地的性质与规模，不同形式的交通组织方式、位置等，主要影响公园边界空间人流聚集处的位置，决定了公园主要步行入口的位置。此外，周边车行道路系统的走向与道路级别影响车流的来向和规模，也会影响公园主要步行入口的位置。

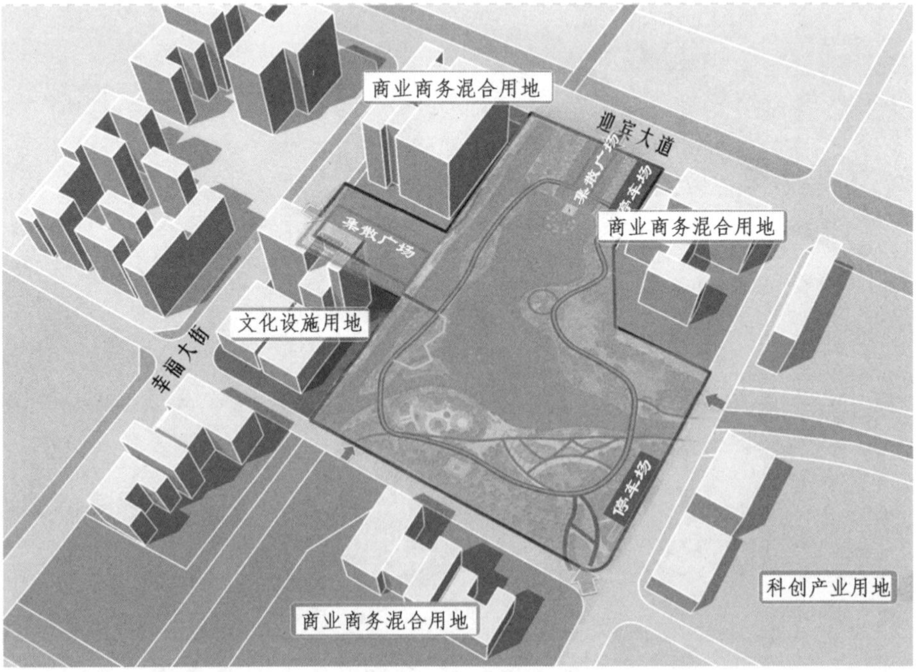

图3-26　公园的主要出入口设置

（2）公园外部车行交通的组织

随着人民经济水平的提高，很多人驾车来游园，怎样满足大量的停车需求成为一个急需解决的问题。很多城市公园外围停车问题严重，尤其是那些有一定年代、历史的公园，建设者没有为车行交通的发展留有一定的弹性空间，往往造成公园内部景象井井有条，外部却一片混乱。

如河南省洛阳市的王城公园（图3–27），毗邻城市干道，在周末尤其是节假日时，公园的游客流量非常大，并且游客来向分散。但公园主入口毗邻中州路，交通流量大，车辆往来密集，且整个公园只有一个出入口，无法解决公园游人车辆的停放问题，导致车辆直接停放在公园那面积并不大的花坛绿化空间入口处，阻碍了游人正常步行往来。这种情况不仅给游人出行造成了不便，也给公园入口管理处带来了安全上的巨大压力，且公园停车位供不应求，除了使许多车辆直接停在公园入口处，还造成有些车辆无处可停或者到很远的地方停车，给城市的交通造成了压力。因此，需要根据车行入口的位置，合理设置停车位。停车场、库可以根据实际的环境设置，如果有足够的停车面积，可以组织地面停车；如果用地紧张，可以设计地下车库，保证地面功能的完整。城市公园作为城市空间的特殊步行系统，其车行交通一定要与步行交通分流，以创造合理的交通流线和良好的公园环境。

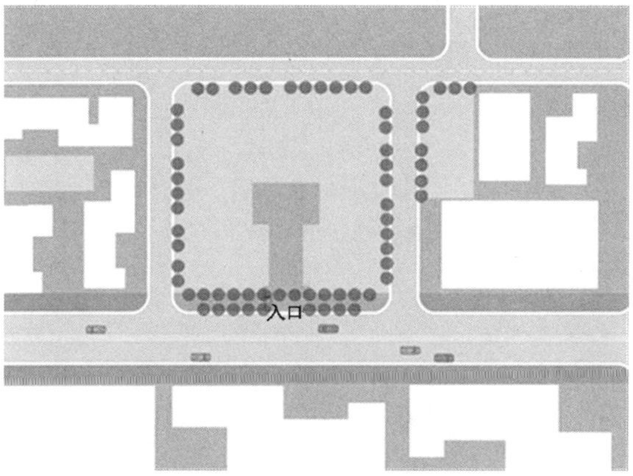

（a）出入口毗邻城市干道

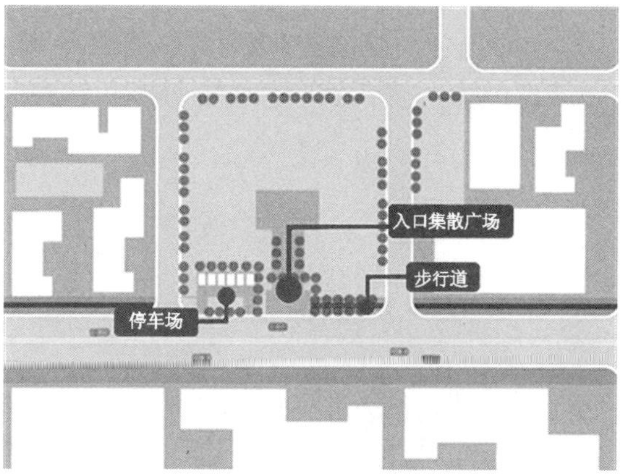

（b）出入口外部交通弹性空间

图3–27　基于洛阳市王城公园的车行交通组织分析

（3）公园内外步行交通的组织

公园周边复杂多变的环境使公园边界的功能具有一定的可变性。在公园的不同边界空间可设置针对不同人群的入园方式。园内外不同的步行交通组织方式能给进入公园游园的“游人”提供多种游玩选择，给想要快速通过公园、抄近路的“路人”带来功能上的便利，同时可引导随时可能因为受到公园的吸引而转变为游园游客的“行人”进入公园。这些步行者基本采用 “少点进入”、“多点进入”或“线状渗入”的方式进入公园。“点状”进入方式适用于公园相邻道路等级较高、车流量大、周边存在潜在使用公园人群的功能用地的情况，这样可以减少进入公园的人流与城市交通的相互干扰，提高通行效率；“线状”渗入的方式适用于公园相邻道路的等级较低、车流量小、公园周边为居住用地或商业用地等人群集中的用地、有大量使用者进入公园内部活动或者穿行的情况。公园作为城市步行系统的一部分，也承担了城市大量的穿越型交通。可以通过立体交通的方式（天桥或者地下通道）来引导人群进入公园。组织好穿越型步行交通，既可以减轻城市交通的压力，也可以减少公园绿地与环境遭到的破坏（图3-28）。

园内外步行交通的组织步骤：第一，在分析公园周边道路和功能用地的基础上，确定可能产生的公园进入点的位置，并根据人流的大小划分级别；第二，根据以上分析来确定最为关键的穿越公园的新道路系统；第三，根据人流的大小估计每条路的使用强度。

公园在融入城市环境的同时，也有自身内部的环境组织原则。例如基于对公园生态性能或景观形象保护的考虑，需要避免或者减少市民的穿越行为。可以通过不同的公园边界形式来降低视觉可达性，并在此区域标示出最近的穿越路径的位置；立体交通也是有效的解决方法之一，有天桥与地下通道两种方式。从人的心理感受和视觉效果的角度出发，采用天桥步行道的形式会更好，通过色彩与形态的设计，使步道本身也成为一道亮丽的风景。如上海市徐家汇公园，建于2000年，公园位于徐汇区，南北至肇嘉浜路和衡山路，东西至宛平路和天平路，该区域优秀建筑众多，建筑风格多样，风貌特色保护完整，属于上海保存最完善的历史文化风貌区之一。公园内保留了原大中华橡胶厂的老烟囱、百代唱片厂办公楼等工业遗址，传承了老上海的历史记忆。公园内一条人行景观廊桥贯穿西南至东北，构成了景观的主体布局，成了与近代历史对话的主要载体，将不同时代、不同内涵的历史元素联系在一起。同时，就交通功能而言，该人行天桥给居住在周边的市民架起了一座从天平路口直达宛平路的便捷通道，分担了城市十字路口部分交通压力。

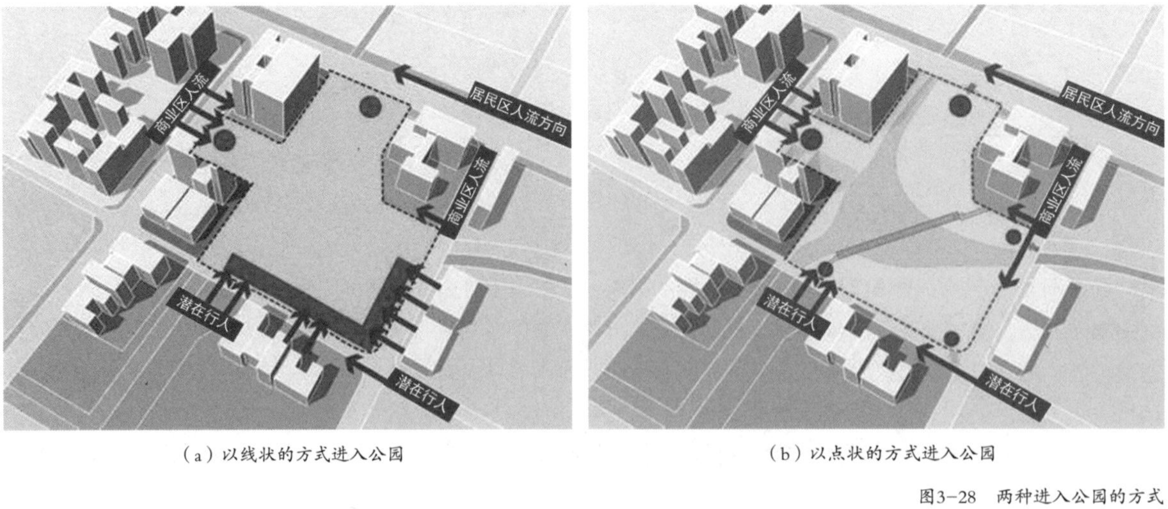

（a）以线状的方式进入公园　　（b）以点状的方式进入公园

图3-28　两种进入公园的方式

2. 景观视线分析

人对于周边事物最直观的感知方式是视觉，大多数信息的获取都是靠视觉来完成的，所以，景观是一种视觉艺术。城市风貌与景观建构的关键所在，是城市物质空间的视觉环境。中国传统的造景，不断地追求天然的景观层次，非常重视景观视觉上远近、内外渗透的效果。这在我国的古典园林造景中有典型表现——集锦式布局的园林建造类似于整个城市及其周边空间环境的浓缩，注重在有限的空间中表达无限的感受。不管是公园内部的景观之间还是公园与周边空间环境之间，都应尽可能多地产生视线联系，来增加景观空间的层次和变化。以江苏省苏州市拙政园为例，在梧竹幽居处可远观北寺塔，北寺塔与园内景观交相呼应，形成各具特色的四时之景，同时使景观视线突破园林的界限，使游客在有限的空间内获得旷远的感受。从城市平面上看，北寺塔距离借景的视点大约950 m，并且正好位于拙政园内部东西向水系的西向延长线之上，在北寺塔和拙政园的相对位置固定的客观前提下，园内这一东西向的线形水系对形成这般绝佳借景来说具有决定性的作用（图3-29）。由此可见，在规划设计阶段，设计师就应该将景观视线的组织列入考虑范围，作为场地内部规划的重要参考，由此来创造独特的景观效果（图3-30）。

图3-29　苏州市拙政园远借北寺塔

视线分析

人工硬质景观节点与生态自然景观节点相互呼应，步移景异，带来丰富、有趣的观赏体验。重要景观轴线上设置对景，视线打开，形成看与被看的视线关系。

人工硬质景观节点

生态自然景观节点

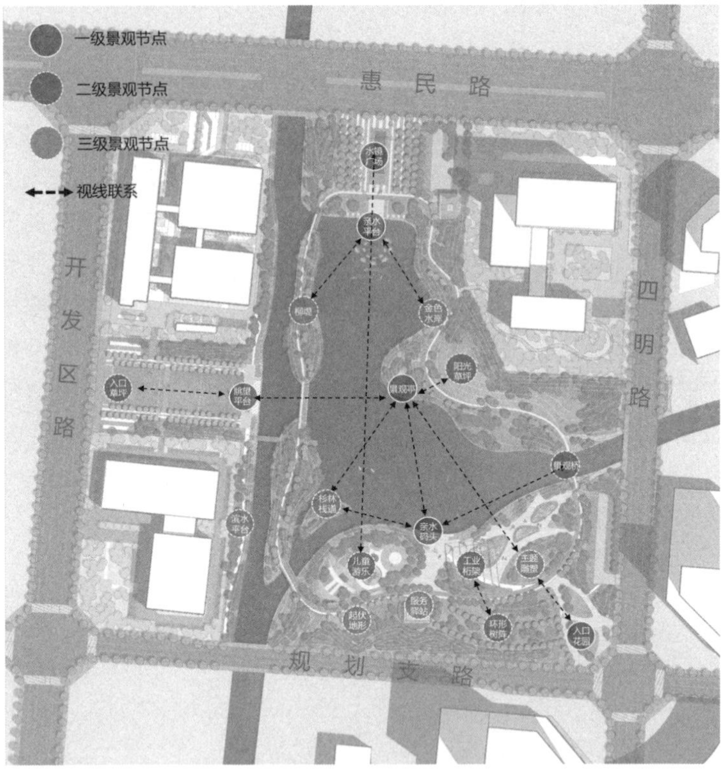

图3-30　视线分析

（1）观景点的设置

景观是作为主体的人与作为客体的环境互动而形成的被感知到的视觉形态物以及相互之间的关系。观景点是指观看物象的观景者与所观看的物象之间的相对位置，即“在何处观景”。当观景者在公园内游览时，视点会随着人的移动不断变换位置，观景者所观之景也会随之发生变化。如何从观景者的观景移动轨迹中找出最佳位置，使观景者在观赏园内景色的同时，也能够欣赏到“引入”公园的城市景观，形成景观的渗透，是视觉分析的重要目的之一。

在选定观景点的过程中会涉及视距大小的问题，视距即观察的人和被观察的物体之间的空间距离。依据观察者和所观物象距离大小，视距可分成近景、中景和远景（Litton，1968）。近景：视距为0～120 m，视觉感受最强，在此范围内可以看到景物的细部与组织；中景：视距为120～1200 m，可看到的物象的细部逐渐简化，视觉注意力由点向面过渡；远景：视距大于1200 m，1200 m在视觉上被称为最大有效视距，视觉感受最弱（图3-31）。以雷峰塔为例，观景者从不同的视点观看雷峰塔，会获得不一样的视觉效果和空间感受。近景：在近处观看雷峰塔时，由于距离较近，观景者可看到雷峰塔建筑的细部，同时由于视角大，雷峰塔给观景者带来高大的视觉效果；中景：此时可以看到雷峰塔的整体形态，以及与周边环境的大致关系，和谐的空间关系使观景者感到舒畅；远景：只能看到雷峰塔的大致轮廓，雷峰塔与水面、树林及远山融为一体，更显秀美（图3-32）。

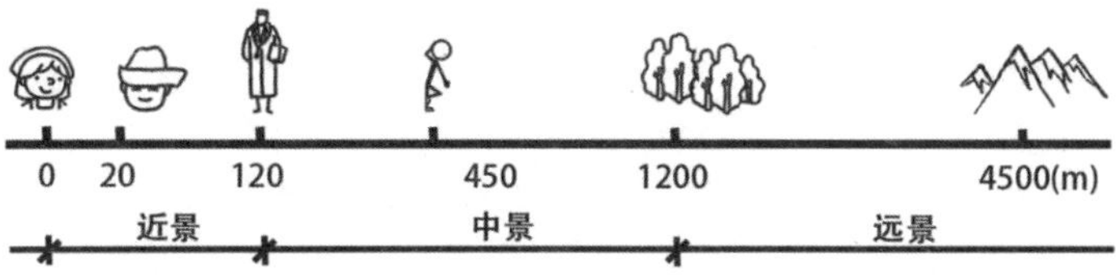

图3-31　视距特性

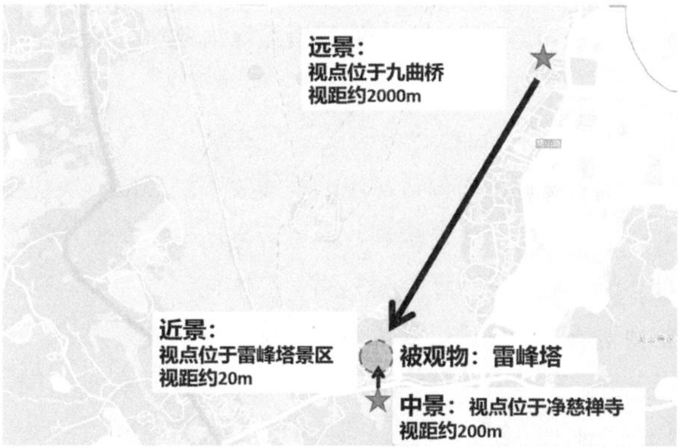

（a）

（b）

（c）

（d）

图3-32　不同视觉效果的雷峰塔

因此，在设计中应根据不同视距下人的视觉感受来组织公园景观层次，可以将城市的自然环境作为背景，将公园的近景、公园或城市的中景、城市的远景作为公园景观视线系统的一部分，这与我国古典园林中的借景、框景设计手法也是不谋而合的。

在对公园周边环境进行分析的基础上，将城市的道路、开敞空间作为视线“延伸”的点，通过这些景观点将视线“延伸”到公园内部，并结合公园内的具体环境进行观景点位置的选择、空间的组合和高度控制。

（2）视线通廊的打造

视线通廊是指观赏者与被观赏的景物之间没有或者极少有视线遮挡的景观廊道。视线通廊可以加强景观系统、丰富景点的视觉感受效果，拓展视野、提升价值，丰富景观空间、完善体系，彰显城市文化、凸显城市特色。良好的视线引导设计，能把近距离的观察和远距离的眺望结合起来，从而丰富整个景观空间的层次，从视觉上提升观景者对景观空间整体的认知。在公园的空间布局中有多种引导视线的方式，如线状视线走廊常用来在公园中延续城市中的景观通廊，或延续城市的空间结构（如轴线布局），抑或是加强公园中某一景观的表现力。组织视觉引导元素时，除了保证视线通透外，在其尽端还要布置能抓住人注意力的内容，如美国纽约罗斯福四大自由公园，两侧通过成列的树加强视线引导，在草坪的尽端，放置476 kg的罗斯福青铜雕像，给人一种强烈的严肃庄严感（图3–33）。

有了吸引人的东西才能使游人在通往目标的路途中产生期待感，目标也因有了空间渲染和心理上的情感酝酿而更具吸引力，以此来产生双赢效应。结合公园内部视点的位置和与周边环境的视线关系先形成一条视线“虚”轴，对“虚”轴周边的公园的建筑物、构筑物、植被进行高度、体量控制，通过运用地形、植物、景观小品等元素对观景者进行视线指引，让观景者的视线方向与预设的方向一致（图3–34）。这样可以在一定程度上将公园周边街区的肌理、城市中的自然山水环境及人文物质景观环境通过视线引导“顺延”到公园内部。在城市公园空间设计中还可以通过设计手法隐匿不良的景观元素，运用一些微地形、景墙、假山等元素遮挡不良的景观元素，同时对另一侧景观进行重点设计，加强景观的表现力（图3–35）。

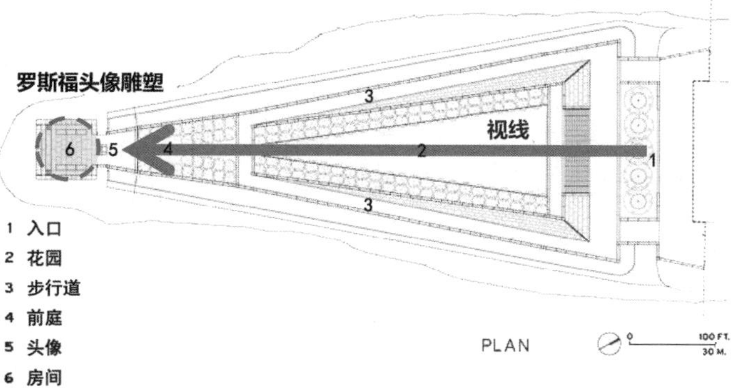

图3-33　罗斯福四大自由公园，视线尽端的雕像更能抓住人的注意

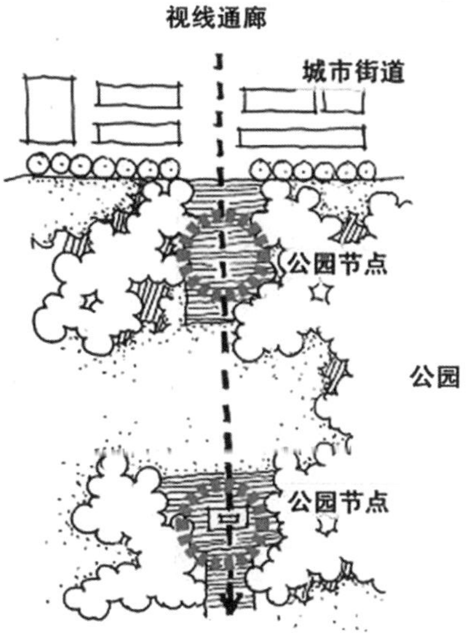

图3-34　通过植物的引导将城市景观引入公园

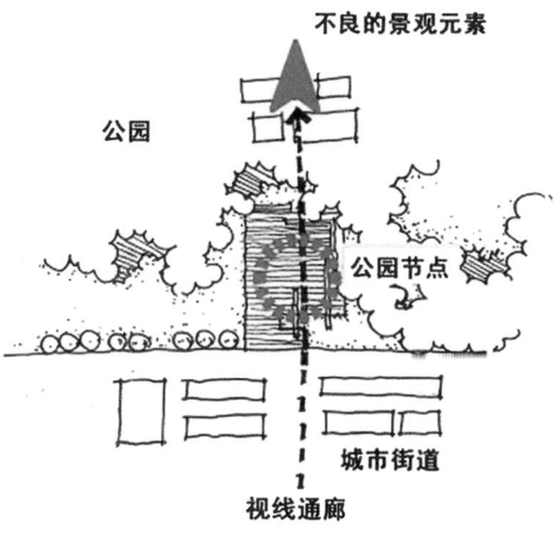

图3-35　通过构筑物、植物等元素隐匿不良的景观

（3）制高点的打造

具有一定视觉控制性的点（制高点）在公园空间的设计中经常被采用，尤其是在基址平坦的公园中。制高点的形式多种多样，可以是具有一定使用功能的建筑物、构筑物，也可以是仅具有观赏意义的构筑物，还可以是对公园内部凸显的遗留物。由于制高点高度对全园具有控制性，因此可以成为公园中的标志物，对公园内部景观层次的丰富具有重要的作用。制高点由于其形象的凸显性，因此在详细的设计中对体量、外观要谨慎，或选取当地的特色建筑，或对某一元素进行提取设计，不管采用什么样的设计手法，都要与中小城市整体的空间环境相协调统一，避免出现大尺度、大体量的设计手法。以上海市徐家汇公园为例，在公园设计中，原大中华橡胶厂的烟囱不仅没有被拆除，反而增高了11 m，增高的部分外部镂空而内部布满光纤，通电后光纤发出的光透过外罩就像是烟囱顶端冒出的白烟。由于突出的高度和独特的外观形象，烟囱成了徐家汇公园的标志物，吸引游客驻足。又如杭州市临安青山湖环湖绿道，全程42.195 km，真正实现了“还湖于民、环湖与民”的设计理念，充分结合岸线整治，融合周边的水上森林景观、南岸山岳风景及钱王文化等自然和人文景观，将“绿色生态”与“吴越文化”完美结合。因独特的造型和历史文化底蕴，青山湖绿道一期望湖公园内富有动感的单车文化主题雕塑、钱王雕塑等，成为公园的制高点和标志物（图3–36）。

3. 公园功能分区

任何一个公园都是具有多种功能的综合体，面向不同的使用者（即使是儿童公园，也要考虑到监护人的使用需求）。不同人群需要各自适合的空间和设施配置，这就必然要求将公园划分成相应的几部分。

图3–36　利用构筑物打造制高点

公园内的功能分区基于项目背景、现状分析，应当因地制宜，有分有合。功能分区体现设计师的技巧，绝不是机械的划分。其首要依据是功能差异，目的是满足不同年龄、不同爱好的游人的游憩和娱乐需求，合理、有机地组织游人在公园内开展各项游乐活动。按照活动项目的服务对象的年龄特征、游园目的与要求、游园活动规律进行规划。同时，根据公园所在地的自然条件如地形、土壤情况、水体、原有植物、已存在并要保留的建筑物或历史古迹、文物情况，尽可能地“因地、因时、因物”而“制宜”，并结合各功能分区本身的特殊要求，以及各区之间的相互关系、公园与周围环境之间的关系来进行通盘考虑。

因此，“周边用地性质→使用人群性质→活动内容→场地功能”可以作为推导公园功能用地配置划分的步骤。在公园整体结构基本定型的基础上，遵循整体性、人性化、生态性、互动性原则，依据公园周围土地的用途，推断公园内主要人流的构成，有散步的街区居民，有进行锻炼的市民，有观赏景观的游览者……再依据人流的性质划分公园基本的空间环境，组织公园内部的活动场地和功能。

公园设计中最常见的分区有：文化娱乐区、观赏游览区、安静休闲区、儿童活动区、老人活动区、体育活动区、公园管理区等。

一般来说，公园内的休闲、健身、游戏、聚会、表演等活动场所偏重于靠近居住用地区；展示、社交、餐饮、休憩等活动场所主要位于商业用地区；在靠近一些具有生态意义的绿地、水体时一般以散步、观赏、游憩功能为主。在公园合理的容量内设置多种文化娱乐设施、儿童游戏场和安静休憩区，也可设置游戏型体育设施，如重庆市心湖北体育文化公园（图3–37），其儿童活动区设置在夏冬两季通风区，冬季日照充足，夏季遮阴；健身区设置在冬季日照条件较适宜的区域，以便人们在冬季活动时接受充足的阳光照射，各种健身器材东西向排列，坐南朝北，配合落叶遮阴树来满足冬季和夏季不同的需求；老人健身区，配合落叶遮阴树，设置在冬季日照条件较适宜的区域。

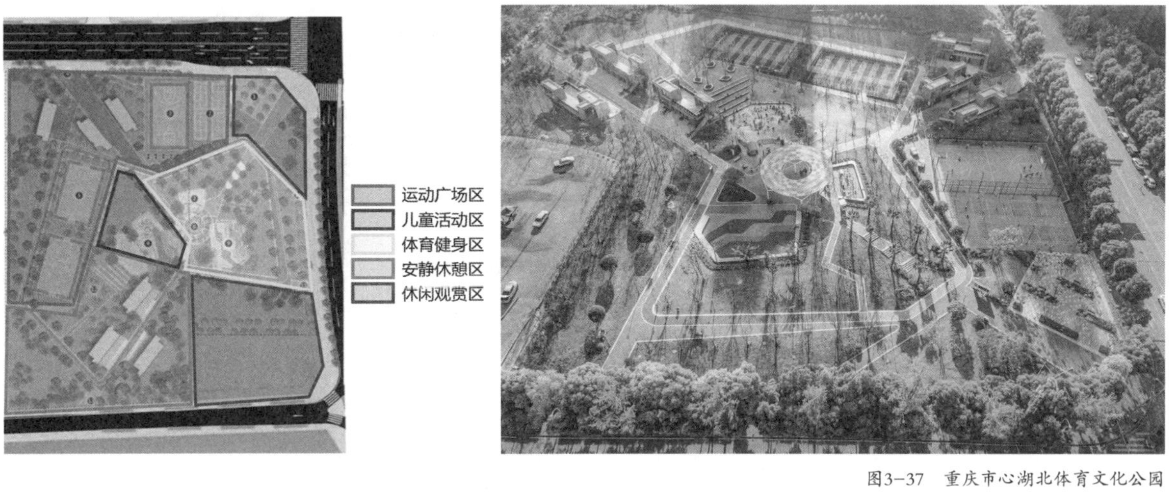

图3–37　重庆市心湖北体育文化公园

此外，划分场地功能时，还要注意功能的复合使用，包括场地的复合使用和设施的复合使用。如广东省广州市大鱼公园（图3–38），设计了一片草坡地形，聚集了不同年龄、性别的人群——有坐在草地上晒太阳的老人，有玩沙子的儿童，还有散步的年轻人，他们之间互不干扰却共同感受欢乐的气氛。在草坡的一边设置了休闲座椅，此处聚集了很多休憩观看的人，亲子活动、自然教育等使这个空间成为公园中最具活力的区域。

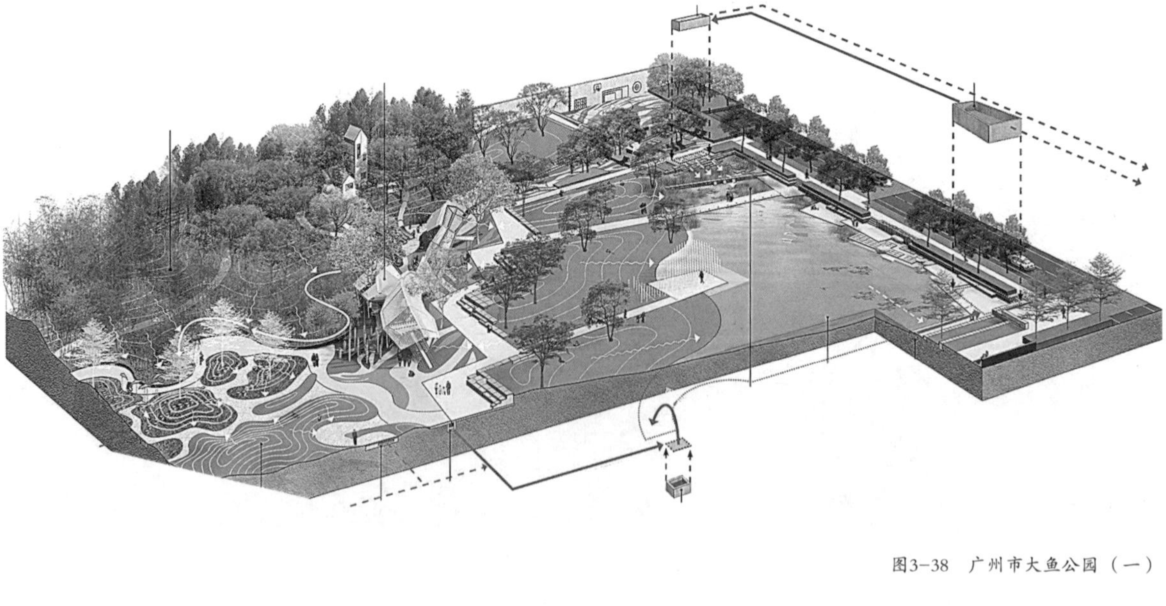

图3–38　广州市大鱼公园（一）

又如四川省成都市天府消防大队基地的天府新区消防文化公园（图3-39），设计者对场地的高差地势和丰富的地形条件进行了立体分析，沿市政道路布局形成“X”形分区，利用丰富的现代化技术手段及设施设备展现园区四大主题，即“学识”（消防知识）、“感知”（生态技术）、“玩乐”（消防营地）、“运动”（康体健身），以充分满足消防教育、学校研学、休闲游玩等民众对园区差异化的使用需求。从北到南依次为入口广场区、消防历史广场、科普教育区，形成一条完整连续的主题文化动线，打造沉浸式的游览体验，以寓教于乐的场景展现园区的消防主题文化，进而提升整个园区品质。

4. 整体布局形式

在前期基础之上，园林景观的布局形式一般可以分为自然式、规则式和混合式。中国江南传统园林如留园、拙政园等为自然式园林的代表形式之一；欧洲以法国古典园林为代表，如凡尔赛宫等为规则式园林典范；混合式则是空间布局兼有自然和规则两式，或综合布局，或以一式为主另一式为辅。公园作为景观类型之一，其布局形式大致也可分为上述三类。

（1）自然式

自然式公园又称为风致式、风景式、山水式、不规则式公园。自然式公园无明显的对称轴线，各种要素自由布置。这种创作手法效法自然，服从自然，但又高于自然，具有灵活、幽雅的自然美。中国古典园林常见的造园艺术表现手法有“虽由人作，宛自天开”“巧于因借，精在体宜”，追求人与自然的和谐，即“天人合

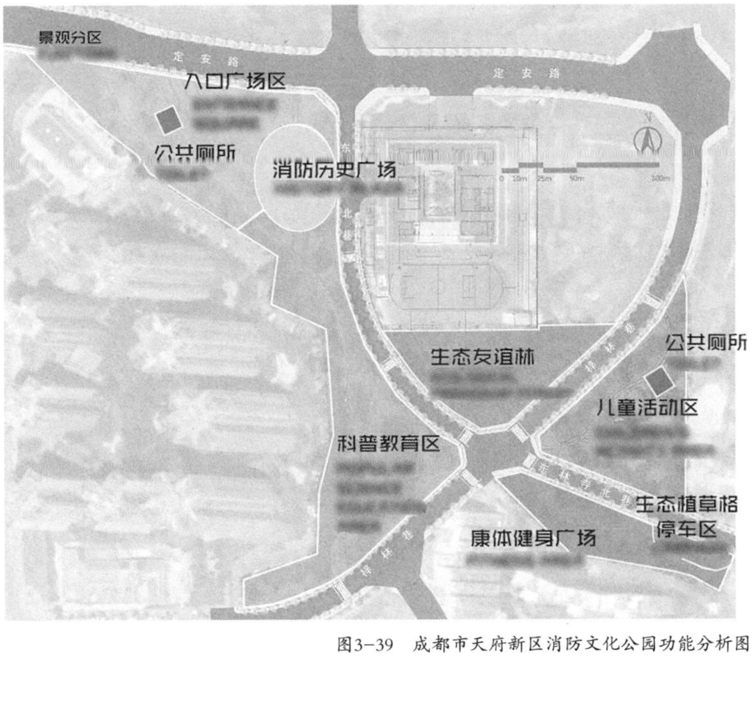

图3-39　成都市天府新区消防文化公园功能分析图

一”。缺点是不易与严整、对称的建筑、广场等相配合。

自然式公园题材的布置在平面规划或园地划分上随形而定、景以境出。园路多采用弯曲的弧线形；草地、水体等多采取起伏曲折的自然状貌；树木株距不等，栽植时丛、散、孤、片植并用，如同天然播种；蓄养鸟兽虫鱼以增加天然野趣；叠山理水顺乎自然法则。总体风格是一种全景式仿真自然或浓缩自然的构园方式。由于自然式公园以模仿再现自然为主，不追求对称的平面布局，立体造型及园林要素布置均较自然和自由，相互关系较隐蔽含蓄。这种形式较适合有山有水有地形起伏的环境，以含蓄、幽雅、意境深远见长。如中国古典园林拙政园、留园、颐和园，日本的桂离宫、修学院离宫等。一般情况下，由于较大规模的公园绿地拥有自然山水，因此在总体布局上通常采用自然式样，如美国纽约中央公园、北京市北海公园、南京市玄武湖公园、杭州市西湖公园、日本千叶县21世纪森和广场公园等。

自然式公园的地形、水体、广场、建筑、植物、小品等要素具有一些典型特征：

【地形】自然式公园的创作讲究“因地制宜”。规划布局依据原有地形特征和山体水系，安排绿地、水域和道路，建筑布置因高就低，不讲求明确的轴线关系。自然式公园最主要的地形特征是“自成天然之趣”，力求体现自然界原有的地貌景观特征，或平原，或自然起伏。地形的剖面为自然曲线。

【水体】自然式公园水体的轮廓为自然的曲线，驳岸多采用自然山石、石矶等形式，园林水景的类型以溪涧、河流、自然式瀑布、池沼、湖泊等为主。局部常结合假山，以瀑布为水景主题。在建筑、广场附近或根据造景需要也部分选用条石等材料砌成直线或折线驳岸。

【广场】除建筑周边广场为适应建筑形态和功能多采用规则式外，公园中的开放性活动场地多为自然形态的空旷草地和广场。建筑组合形成的外部空间也以不规则形态为主，形成自由的活动空间。

【建筑】公园内单体建筑为对称或不对称均衡的布局，建筑群和大规模建筑组群多采取不对称均衡的布局。与规则式园林布局不同，建筑通常不作为控制全园的要素。中国传统自然式园林中的建筑类型有亭、台、楼、阁、坊、馆、轩、厅、塔、堂、廊、桥等，在现代公园中会依据功能定位推陈出新，灵活运用。

【植物】自然式园林种植要求反映自然界植物群落之美，无明显的轴线关系，不成行成列栽植，自然灵活，富于变化，体现柔和、舒适、亲近的空间艺术效果。树木不修剪或少修剪，配植以孤植、丛植、群植、密林为主要形式。以自然的树丛、树群、树带来划分和组织园林空间。花卉布置以花丛、花境为主，不用模纹花坛。对花木的选择应综合考虑四季景色的不同，花木的姿态、色彩、气味，以及观花、观叶、观果等因素，营造舒适植物空间。

【小品】假山、置石、雕塑等园林小品多配置于透视线集中的焦点，在小空间中形成主景。

以重庆市文旅城滨河公园为例（图3-40），设计主题为“峡谷森林”［图3-40（a）］，它以“追寻自然”为名的游线组织设计值得学习。在公园河谷西侧，有一条为铺设城市管网而开挖的8m深的沟壑，像大地上一条深深的伤痕，撕裂了城市与天然河谷间的联系。设计注重“巧于因借，精在体宜”，不再破坏场地现有的大基底，而是顺应开挖后的沟壑深度和走向，重塑了一条流淌于河谷之畔的自然峡谷［图3-40（b）（c）（d）］。

峡谷消失在一片石滩，而追寻的自然之音又指向一座藏于林间的洞穴［图3-40（e）］。作为公园承上启下的功能节点，它既是未来周边居住者的集会、艺展中心，也是静思之所、追忆之地。洞穴是对场地最为温和谦逊的介入方式，并隐匿在绿意之下，内部的气氛神秘微妙，游人对未知的好奇心、想象力被无限放大。

洞穴的出口被巧妙地设置在瀑布的最佳观赏点。在经历瀑布之音、艺术之水、洞穴狭道之后，自然的瀑布赫然呈现在眼前，带给人梦境般的游览体验。一条轻盈的栈道消隐于山崖，成为自然景观的一部分［图3–40（f）］。

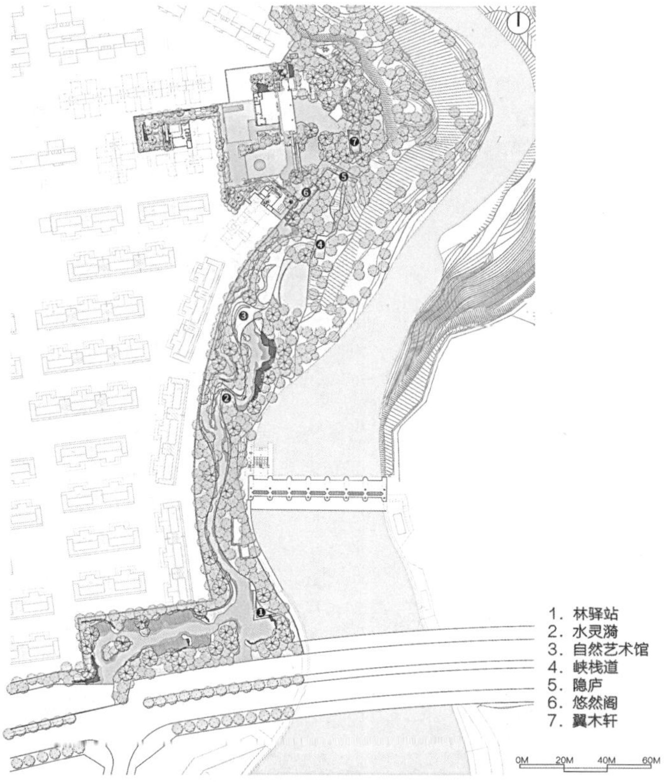

（a）总平面图

（b）飞雪瀑布与峡谷森林鸟瞰

（c）一条流淌于河谷之畔的自然峡谷

（d）地形起伏，散置石块，自然式种植

（e）藏于林间的洞穴

（f）追寻自然之旅

图3-40　重庆市文旅城滨河公园

（2）规则式

规则式园林又称整形式、几何式、对称式园林。规则式公园以建筑或建筑式空间为主布局内容。整个园林及各景区景点皆表现出人为控制下的几何图案美，在构图上呈几何体形式，在平面规划上多依据一条中轴线，在整体布局中为前后左右对称。

园区划分多采用几何形状，园线、园路多采用直线形；广场、水池、花坛多采取几何形体；植物布置多采用对称式，株、行距明显均等，花木整形修剪成一定图案，园内行道树整齐、端直、美观，有发达的林冠线。

规则式又分为规则对称式和规则不对称式两种。规则对称式具有明显的对称轴线，各园林要素依轴线对称布置，具有庄严、整齐、雄伟、肃穆、理性的空间氛围；规则不对称式布局没有明显的对称轴线，但园林要素布置规整，具有整齐统一和几何图案美的特点。欧洲传统造园倾向于规则式园林，如法国的凡尔赛宫（图3-41）和维康府邸、西班牙阿尔罕布拉宫中的伊斯兰风格中庭等。在近现代，规则式公园多见于城市中小尺度公园、小型附属绿地以及纪念性公园等。如法国巴黎雪铁龙公园属于规则几何式；江苏省南京市雨花台烈士陵园和中山陵园（图3-42），北京市天坛公园等核心区域属于规则对称式。规则式公园有时也会因为过于严整，而呈现出空间呆板和单调的缺点。

图3-41　法国巴黎凡尔赛宫

图3-42　南京市中山陵园景区

规则式公园在构图（几何美）、地形、水体、广场、建筑、植物、小品等方面具有一些典型特征：

【几何美】全园在平面规划上有明显的中轴线，并大抵以中轴线的左右前后对称或拟对称布置，园地的划分大多为几何形体，如正方形、长方形、圆形或直线划分的多边形等。有时园林轴线多视为主体建筑室内中轴线向室外的延伸。一般情况下，主体建筑主轴线和室外轴线是一致的。

【地形】在开阔、较平坦地段，由不同高程的水平面及倾斜的平面组成；在山地及丘陵地段，由阶梯式的大小不同的水平台地、倾斜平面及石级组成。

【水体】其外形轮廓均为几何形，主要是圆形和长方形，水体的驳岸多整形、垂直，有时在轴线中心或两端设置雕塑；水景的类型有整形水池、整形瀑布、喷泉、壁泉及水渠运河等，古代神话雕塑与喷泉构成水景的主要内容。

【广场】多为规则对称的几何形，主轴和副轴线上的广场形成主次分明的系统，道路也多为直线形、折线形或几何曲线形。广场与街道构成方格形式、环状放射形、中轴对称或不对称的几何布局。

【建筑】主体建筑群和单体建筑多采用中轴对称均衡设计，多以主体建筑群和次要建筑群形成与广场、道路相组合的主轴、副轴系统，形成控制全园的总格局。

【植物】配合中轴对称的总格局，全园树木布置以等距离行列式、对称式为主，树木尤其是灌木多修剪整形，绿篱、绿墙、绿柱为规则式园林较突出的特点。园内常运用大批的绿篱、绿墙和丛林划分和组织空间，花卉布置常为以图案为主要内容的花坛和花带，有时布置成大规模的花坛群。

【小品】园林雕塑、园灯、栏杆等装饰、点缀了园景，雕塑常与喷泉、水池构成水体的主景。西方园林的雕塑主要是人物雕像，布置于室外，主题来自神话传说或宗教，并且雕像多置于轴线的起点、终点或交点上。

除了中小尺度城市公园、小型附属绿地以及纪念性公园外，现代城市公共空间多采用规则式布局。例如由大小景观事务所设计的俄罗斯方块广场（图3-43），设计围绕解决一系列社区问题展开，不同于一般的商业广场项目，该项目以营造空间代替摆放成品游戏设施，生成了许多灵活的空间与场景。同时，设计师没有遵循传统商业广场以少种树来保持店铺通透可视的原则，而是巧妙结合游憩设施，在场地中“隐藏”了一片树林，为广场带来了更多的人气和阴凉。此外，设计师采用方格网设计语言，有效实现了物料的精简，同时降低了施工难度，使得施工质量也更易于把控。由此衍生而来的模块化混凝土装置被广泛应用于整个综合体之中，其两款基本模块可以以20多种方式进行自由组合。建成后的项目既是一处城市亲子乐园，也是周边社区的公共空间。设计师致力于通过更加友好、更加自然的设计，让孩子们在探索中学习，并构建对外部环境的认知体系，提升他们的想象力和创造力。

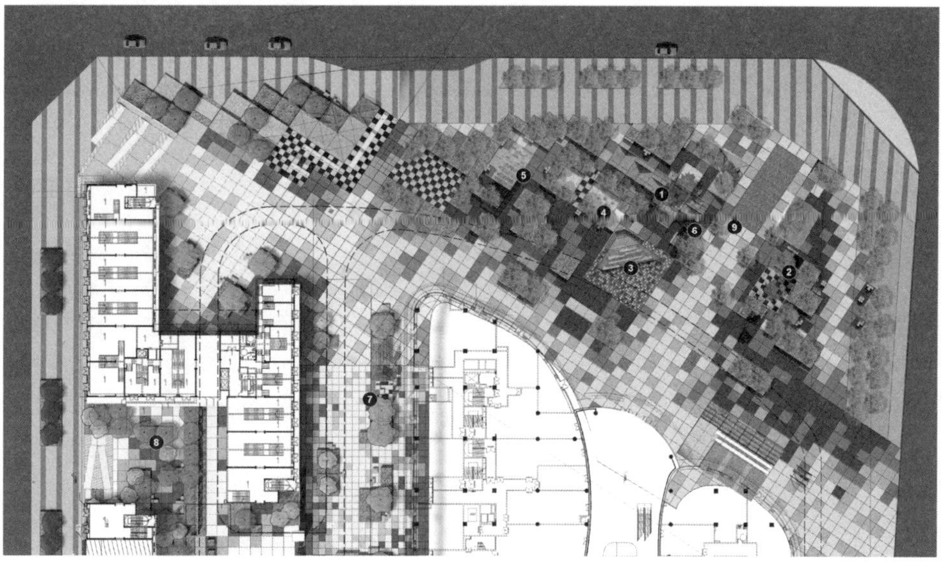

（a）平面图

（b）基于模块网络的像素化设计语言

图3-43　俄罗斯方块广场

（3）混合式

混合式公园是指规则式、自然式交错组合，全园没有或无法形成控制全园的主中轴线和副轴线，只有局部景区、建筑以中轴对称布局，或全园没有明显的自然山水骨架，形不成自然格局。一般情况下，多结合地形布局，且植物设计以自然式种植为主。在原地形平坦处，根据总体规划需要安排规则式的布局，在原地形条件较复杂，具备起伏不平的丘陵、山谷、洼地等时，结合地形规划成自然式。类似上述两种不同形式规划的组合即为混合式公园，如英国伦敦海德公园、广东省中山市岐江公园均是控制轴线与自然水岸的结合，北京市奥林匹克公园、上海市世纪公园等属于以自然式为主、局部规则式处理的空间格局。

混合式平面布局兼有自然式和规则式布局特征，例如2001年，由土人设计公司设计的广东省中山市岐江公园占地11 hm^2 。公园设计保留了原有场地中的部分旧厂房和机器设备，并将其重新幻化成富于生命的新景观。公园的规划设计既有强烈的控制轴线和规整式的局部，也有自然的水岸线和多样化的植栽，总体设计风格为有机统一的混合式（图3-44）。

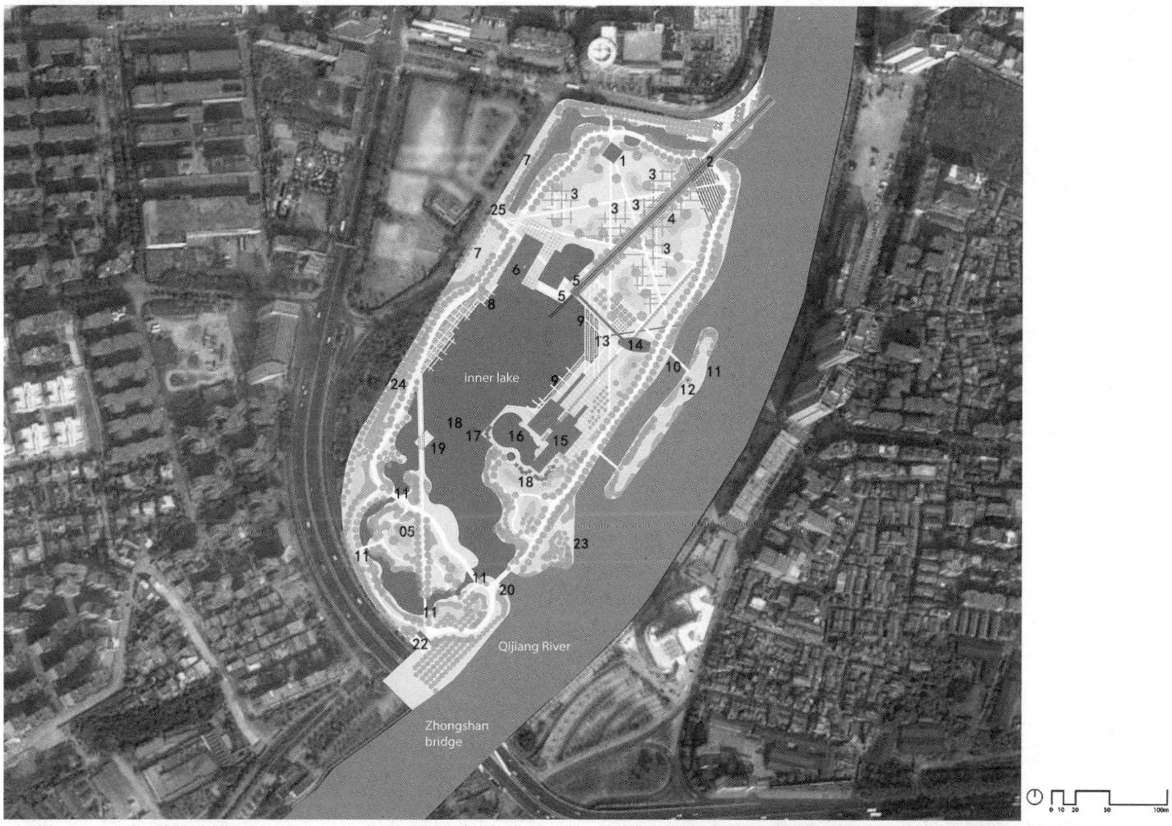

图3-44　中山市岐江公园

2018年，由张唐景观设计的广东省广州市大鱼公园占地面积为1.67 hm^2。公园总体设计风格也属于自然和规则有机统一的混合式，既有规整式的局部，也有自然的草坡和多样化的植栽（图3–45）。

图3–45　广州市大鱼公园（二）

二、公园专项设计

1. 道路设计

根据公园内外环境的协调组织和内部的功能分区，对公园的流线组织进行设计。

（1）设置入口广场

不同性质、主题的入口广场是步行游线的基点，它们既可以是起点，也可以是终点。第一，确定入口广场的大小，需要根据不同的人流量规模来确定入口处集散广场的面积大小。第二，公园沿城市道路部分的地面标高应与公园内部道路的路面标高相适应，并处理好入口广场的坡度问题，便于特殊人群（残疾人、老年人、行动不便的人）进入公园。第三，公园入口的设计要满足特殊情况下人群紧急疏散和大型紧急车辆进出的要求，并考虑是否设置消防通道，保持连接道路畅通。例如在江苏省苏州市吴江区的华润万象汇商场街头公园设计中，由于地块处在人行量与车行量都较大的地方，入口广场设计较宽敞，内部道路与外部城市道路衔接平缓，以便在特殊情况（火灾等）下，能够快速让人群疏散以及让大型紧急车辆进入。并且，其设计以入口广场作为基点，用场地的特色线性铺装引导内部人流，并以绿地对内外交通进行分隔，使得位于场内的游人能够获取更好的景观体验感。

公园入口广场以开敞空间为主，设计应具有标识性和趣味性，吸引周边潜在使用人群。入口的形式有对称式、非对称式，风格有中式（新中式）、欧式或现代式等，应与公园总体布局协调统一。入口设计元素多种多样，一般根据功能和形式来确定，包括雕塑、水景、广场、植物、建筑物等（图3–46）。

（2）划分道路等级

公园内的组织线路按道路宽度可分为主要游览线路和次要游览线路。主要游览线路要起到连接各个功能区，展现公园形象的作用，宽度一般为3～5 m；次要游览线路主要是各功能区内部的游览线路，宽度一般为2～3 m。按游览方式来分，可分为水路游览、陆路游览、空中游览及地下游览等。水路游览为利用水体载船、穿行水中栈桥或水上步道来赏景，颇有“慢生活”的情调；陆路游览为一般公园内的主要游览方式之一，可设置为按各类特定主题游览路线进行游览；空中游览为乘坐缆车或以其他方式至园内最高点观赏园中美景；地下游览路线一般设于包含地下空间开发的园区，利用地下资源景观给予游客新奇的游览体验，如天然溶洞等。其中，水路游览与陆路游览是一般公园内最为主要的两类游览路线。

另外，游线既要具有组织性、空间性，还要有安全性。在保证游览道路宽度的同时，也要保证基本的消防宽度。根据《建筑设计防火规范》（GB 50016—2014）第7.1.8条规定，消防车道的净宽度不得小于4 m。保证公园中消防通道的宽度达标以及畅通，能使消防人员在第一时间赶到灾情现场，有利于灭火、抢险、施救。

做好游线组织设计需要把握以下几点：

图3-46　入口广场设计

①有机穿插不同功能设施、观景空间和过渡空间。人在进行步行活动时，心情愉快的平均步行距离是300 m，超过这个距离，行人在公园内部的步行活动会感到枯燥与疲惫。因此在保持公园内游线连续的基础上要适当地进行不同功能的穿插，比如设置休息坐凳、观景空间等，或者结合具有一定历史意义的物质存在设计一个文化空间，在增加公园景观丰富性的同时，愉悦游人的身心。

在吉林省长春市万科蓝山社区街头公园中，设计师运用连廊构架将由旧厂房改造的社区中心门庭与老柴厂旧墙相融合，两个空间串联在一起，连接古今，让人仿佛走进了时间的隧道。这一根据场地历史而改造设计的文化空间，与特色飘带坐凳相连，既有功能体现，又赋予其文化印记。游人步行经过这一空间时，既会感受到公园丰富的景观、浓厚的历史文化气息，又能心情畅快，获得短暂的休憩。

②连接最具有风景特征、特殊意义的空间形象。在游线的设计过程中，在一定的距离范围内，设置能够体现当地特色或具有设计美感的景观小品、建筑小品，如雕塑、廊架等。

③选取的游线主题需要鲜明、统一，既有历史文化感，又有层次感和变化感。根据公园内的空间结构、功能分区、景观特点组织并结合相应主题来进行设计（图3-47）。第一，配植相应的植物；第二，结合当地的传说、典故为游线命名，使游线既具有文化内涵也具有观赏性；第三，考虑使用人群的活动路径和游憩偏好。

④设计要有节奏和韵律，动静结合，充分调动五感。园内的景点安排要体现出游览过程有进入、展开、高潮、尾声等部分，有鲜明的阶段性和空间序列变化的节奏感，由起景开始、发展，到高潮、结束，逐渐引人入胜。在具有起伏地形的公园中，要充分将公园内地形与游线结合，使游线富有变化和趣味。

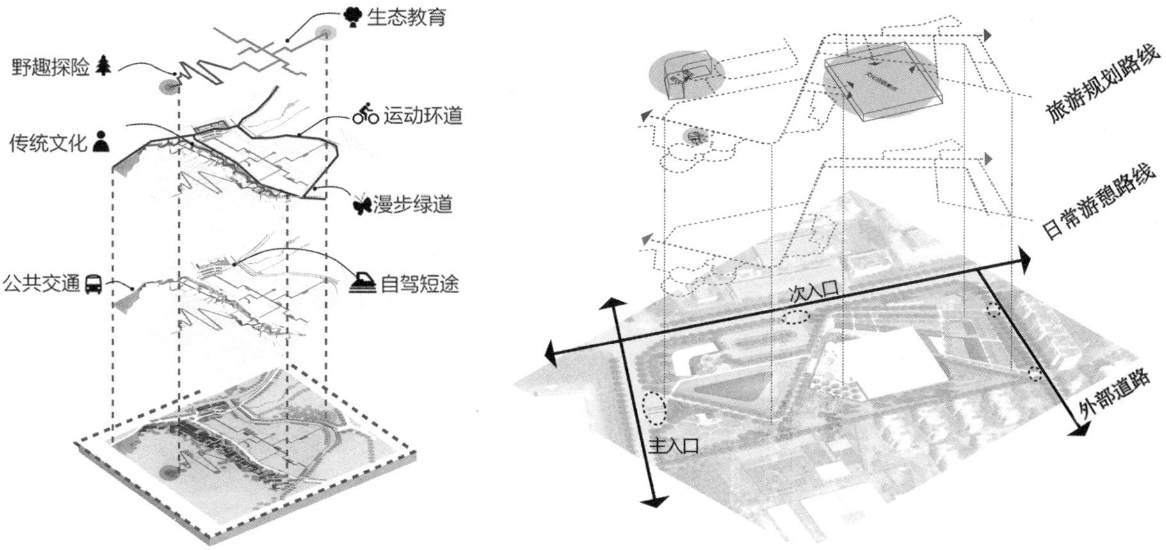

图3-47 明确游线主题

2. 地形设计

公园内的地形地势条件，对公园功能的组织、视线系统的设计、景点的空间组合、绿化的空间层次都有很大的影响。首先根据公园地形图掌握其内部的地势，辨别出低洼地势、凸起地势以及公园与周边城市道路的高差。若公园内部地势平坦，高差不大，可以通过堆山置石或开挖水池的方式对公园的景观地形进行改造。也可以结合视线通廊的打造，在公园内进行微地形的设计。若公园内地势起伏，高差较大，可以因地就势，低洼处理水，凸起处置石；若公园内部有河流穿过，应当好好利用河流的景观作用和生态作用，对河岸、河堤进行不同形式的绿化，同时将河流作为公园景观与城市景观连接、渗透的媒介。通过植物和构筑物的设置，使公园具有一定的空间变化，也使公园内的视线景观层次更加丰富（图3-48）。

竖向标高

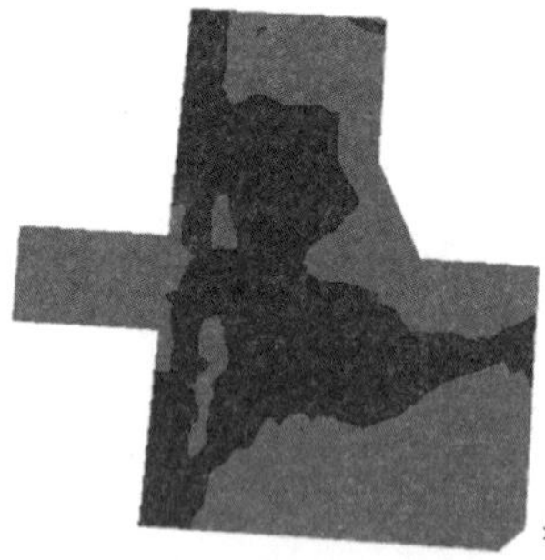

填方挖方统计表

	OBJECTID 编号	VOLUME 体积（立方米）	AREA 面积（平方米）
挖方	1	39843.1	29264.0
	3	2.5	131.0
	5	0.6	19.0
	10	0.0	1.0
填方	4	-0.2	28.0
	6	-243.4	487.0
	8	-349.3	1106.0
	7	-6451.7	6601.0
	2	-11225.8	13723.0
	9	-14264.1	16894.0
总计		7311.6	

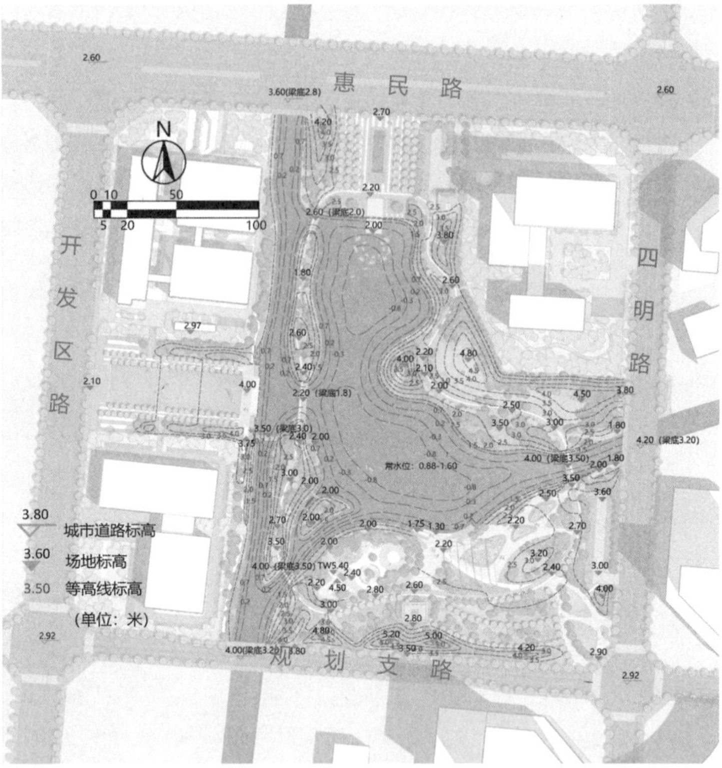

图3-48　地形设计

以浙江省杭州市太子湾公园为例，场地地势呈缓慢上升趋势，低处无患子三五成群配置，高大的无患子树冠下形成的林下空间，为游人沿路驻足欣赏美景创造了舒适的空间环境。而在地势高处靠近杂木林一带，沿路配置了大量的樱花树及少量黄山栾树。杂木林主要以水杉、香樟、桂花、鸡爪槭等树种为主，以此为背景衬托出樱花洁白淡雅的前景，形成高低错落、颜色层次分明的植物景观。在植物和园路的分界作用下，利用场地起伏的地形，辅以植物加强场地的边界效应，创造出隐秘的场所和幽深的视觉通廊，使人们能够从喧嚣的城市环境中抽离出来，犹如进入一片安静的山林中。地形强化了植物种植的层次效果，也界定了场地（图3-49）。

3. 水体设计

水，长久以来，便以它的妩媚而使人深深沉醉，水和山、石一样，也是构成古典园林的基本要素之一。园之理水，布局上可分为集中式和分散式，形态上可分为动水和静水，形状上可分为规则式和自然式。在具体的公园设计中，可以根据公园的规模和视线组织进行水面大小和水形的设计，并仔细勘察场地周边地形的水文条件，对水的引入和排出进行科学规划，使水来有头、去有尾。在水景设计中，可根据水面的大小进行功能区的划分和相应活动内容的设置，在水系设计的基础上加上植物的配置，形成“莲叶碧波”“水堤柳岸”等景观。

图3-49　杭州市太子湾公园

水在人类的生存和人类文明的发展中扮演着重要的角色，历史文化的长期积淀也赋予了人们对水的热爱之情。人在天性中就有着亲水性，由于水面坦荡平静，且视线又无遮挡，所以临水的人总是乐于凭栏远眺。水作为一种自然媒介，转为社会媒介可拉近人们的距离，从而吸引人们进行更多的社会活动。在与水的亲密接触中，各种行为的人可放松身心，得到最为自然、放松和亲切的行为心理体验。根据这个原理，可在水岸上布置栈道、平台，便于人们亲水，提高水景的观赏性和体验性（图3–50）。例如江苏省扬州市运河三湾风景区，在湿地缓冲区设置了观鸟廊、观鸟屋、观鸟平台、生态步道等，在让市民亲近水体、观赏湿地水景的同时，也为市民体验、感受湿地生态提供了鲜活的教材。此外，大面积的水体可以增加空气湿度，降低温度，加强气流运动，以达到改善环境气候的效果。

图3–50　木栈道、木平台

“水随器而成其形”，我国古代就已认识到水易塑形，只要合理运用“器”，就能创造不同类型的水景景观，延其长则可为溪，聚其深则可为池，可柔可刚，根据需要将水雕琢出不同的形态，就能充分发挥水的美。在公园水景的设计中，要注意水系与其配景的和谐统一，使水景与园内其他景观实体相互呼应，并结合公园整体营造出层次丰富的水景。如美国第一个城市景观公园——纽约中央公园，设计者奥姆斯特德的设计风格还受到当时英国田园风光的影响，因此，公园具有起伏的地势，大片的草地、树丛与孤立木。在此基础之上，加上池塘、小溪和一些人工创造的水景，如瀑布、喷泉等，形成一种以开朗为基调的多变景观（图3–51）。又如内蒙古自治区包头市万科中央公园，场地地势北高南低，南部现状地块下凹，依据场地现状设计一片湖面，既符合汇水地势，也能打造包头市不多见且开阔的大水面景观，而所有的活动和场景设置环绕布局在水岸周围，更

图3–51　美国纽约中央公园水景

大程度地发挥“水”的溢价。景观湖面的打造让游客中心建筑外挑式的正立面的倒影投映于微拂湖面，面向公园主入口，匍匐向两翼生长的建筑北面一层也设计为半掩土，融入景观打造的地形堆坡之中，同时建筑设计上设置的斜坡面屋顶连接着起伏绵延的林冠线，这种利用水以其一定的形态形成公园的柔性边界，在一定程度上阻隔了人的通行，尤其是“面”状水域，由于其开阔性和开敞性，很少有物体阻碍视线，成为公园开阔视线的一部分，在构成公园边界的同时有利于公园内部的视线渗透，以达到功能性和美观性的和谐统一。

除了“面”状水域，“点”状水景在公园设计中也被广泛应用（图3–52）。

①喷泉：在酷热的室外环境下，不只有天然植物能给人带来清凉的感受，各种喷泉装置也能有效降温并增

（a）喷泉

（b）镜面水

图3–52 “点”状水景

添更多的乐趣，可以让人们在清凉世界里享受人类设计和自然的奥妙。其中最受欢迎的喷泉做法主要为波光喷泉、泡泡泉、程控喷泉、雾森系统等［图3–52（a）］。

②镜面水：是目前使用最普遍的水景设计，整体效果较好，常规做法是运用福鼎黑等石材，结合万能支撑器打造池面，营造出倒影斑驳的效果［图3–52（b）］。鉴于现代中式风格的风靡，有些水池底部也运用瓦等材料。近些年，国内外都很喜欢的一种做法是用卵石或者石片铺池底，效果更简洁现代，或结合一些雕塑小品，更显艺术感。

③跌水：飞溅的水花能增加空气湿度，可以过滤空气中的尘埃；跌水可视、可听，具有独特的景观效果；跌落的水携带空气中的大量氧气汇入水流，能够给水流中的动植物提供良好的生长条件。因此，跌水的设计也广受欢迎。除了常规跌水做法之外，我们还可以在设计中加入一些细节，跌水也会更加灵动。

④科技水景：运用电子数控等技术实现更多炫彩的水景，如数控水字幕。

以张唐景观设计的江苏省苏州市万科公园里为例（图3–53），东广场售楼处入口前设置了两处翅膀状的波浪水台，一方面消解了售楼处建筑与广场之间的高差，另一方面由造浪机推出的一阵阵波浪不仅给水台增添了视觉上的动态效果，而且波浪拍打池壁时产生的声响也带来了听觉上的刺激。水台侧边的花岗岩雕刻成随机的等高线状，波浪溢过花岗石，产生了大小不同、前后不一的水花，阳光照射过来，波光粼粼，伴随着“哗哗”的流水声，营造出一种宁静幽雅的氛围；西广场设置了一处面积约为300 m²的地面波浪戏水池，意图在城市广场上创造一个模拟自然海滩的景观元素。“海浪”从隐藏在爵士白树池侧壁上的出水口喷涌而出，逐渐减弱，然后慢慢退回来。在营造互动性场所的同时，也改善了小气候，带来一丝凉意。

图3–53　动态水景设计

4. 植物设计

中国有着悠久的造园历史和精湛的造园艺术，在世界园林艺术中素有“世界园林之母”的美称。植物造景是中国园林的五大构成要素之一。它是园林空间的弹性部分，可按人们观景审美的需要，随心所欲地进行布局，成为园林中极富变化的动景。

中国的古典园林艺术不仅包含视觉艺术，还包含听觉、嗅觉等感官上的感受。例如，植物往往因季节的更迭、天气的变化而改变空间的意境，从而影响到人的感官感受。植物具有生命，不同的植物具有不同的形态特征和生态习性。在园林因地制宜、因时制宜进行植物配植时，应充分发挥其观赏特性。

根据对公园基地的调研，尽可能保留既存植被并进行天然植被种植。将植物作为一种柔性的界面材料，无疑是最好的选择。因此，在公园设计中，应结合周边绿化景观，在公园界面处种植当地的植物，形成不同于栏杆或墙体的界面形式。这样使得公园内外的绿化能够进行良好的衔接，连接城市与公园，并且具有一定的生态效益（图3-54）。但是这种封闭性不是绝对的，植物彼此间形成的树干间隙可以使视线保持通畅，而界面相对的封闭性是为了更好地保持公园秩序，降低管理成本，减少不安全性因素，如种植灌木使市民不能随便进入公园。同时植物因高低层次的不同和季相的变化，也能成为公园内部和城市中的一景。山、石、水、建筑物、构筑物、植物等元素在公园的应用一定程度上决定了公园的结构和空间特色，对接下来的公园功能分区、流线组织、景观节点的设计有很大的影响。

对于园林植物的选择，尽量以乡土树种为主，因其对当地的自然环境早已适应，是当地的自然环境和人文历史变迁的例证。选用乡土植物不仅经济，而且也容易创造出最适宜当地环境的植物群落，取得最佳的景观效果。在前期准备中，应对照地形图和进行实地勘探，对基地内部的植被现状进行辨认、梳理和评价。可以找出

图3-54　中山市岐江公园界面

乡土植物，进行乔木、灌木、草本不同类型的划分，根据不同植物的季相、形态差异可以打造各具特色的植物景观，运用乡土植物打造的景观更具地方特色和亲切感。还可以将具有一定历史或文化价值的植物予以保留，并构思设计成公园的景观节点，通过特色植物的种植体现浓郁的地方文化氛围，塑造地方文化特色，使植物景观具有艺术灵魂和价值，景观形象充满生机和活力。经过自然检验的特定的地形地貌中的原生植物可以充分展现植物的生长环境特点，公园设计中应保护和创造自然生境，通过多样化的种植发挥植物的生态功效。

以浙江省金华市燕尾洲公园为例，面对场地水位的变化，以适应性强、生命力旺盛的乡土植被作为基底，根据不同的洪水水位区域分区进行植物配置，湿地保育区保留场地现状有价值的乔灌、地被和水生植物，防汛梯田种植区利用富有乡野气息的观赏草作为主要造景植物，营造了适合洪水涨落过程的多样化景观（图3-55）。

（a）枯水季

（b）洪水季

（c）

图3-55　防汛梯田种植富有乡野气息的观赏草

5. 建筑设计

公园内部可能会有些建筑物或构筑物遗留，应对这些建筑物、构筑物进行质量评价和分析，将有历史文化价值或者实际应用价值的建筑物或构筑物进行保留或更新，使其发挥在公园中的功能作用。在有些公园基址内，历史遗留的构筑物、建筑物具有很高的文化价值，可以作为组织公园景观、空间格局的主要元素，也可以成为游客感受场地记忆和文化的元素。同济大学建筑与城市规划学院的刘滨谊先生指出："对于景观园林艺术创作，如果没有传统的、历史的、文化的东西，就不可能成功。"①以浙江省杭州市白塔公园（图3-56）为例，对于场地内原有白塔等历史遗存、龙门吊、铁轨等工业遗存以及铁路机电厂旧厂房等有保留价值的建筑，设计师依据它们所处位置及蕴含的历史价值，对场地进行有机的梳理和组织，并赋予它们新的功能和利用价值。保护"白塔"风貌的完整性、历史的真实性，体现以白塔为核心的大吴越文化，传承白塔所承载的自五代以来的千年历史文化；铁轨改造为游步道，并形成铁路序列故事盒，传承百年铁路文化；钢铁龙门吊上加装箱体，改造成江景咖啡厅，可登高观江景；铁路机电厂旧厂房改造为复兴创意街工厂。

图3-56　杭州市白塔公园

① 刘滨谊. 走进当代景观建筑学[J]. 时代建筑，1997（3）：10-12.

通过对公园周边街区的观察和分析，也可以将城市当地建筑的特色元素进行提炼应用，并赋予其材质新的表现形式。通过这种方法，可以将城市的历史传统文化通过具体的形式表现出来。如图3–57所示，设计者没有一味仿古或是运用各种古典中式符号，而是选取简洁的造型和微曲的屋顶线条来展现江南传统民居的神韵。曲桥、锦鲤池、漏窗、景墙、花台、盆景、瓦片铺地等传统元素与现代材质、装置相互碰撞，打造出新中式风格建筑形式和公园景观氛围。又如厦门市美仁园，在园中有一面名为“印记”的立体雕塑照片墙，景墙采用闽南红砖拼制、打磨而成，这些红砖是用古法炭烧而成的闽南红砖，墙面上展示着记录了厦门百年历史的老照片、旧报纸，向人们再现了厦门从19世纪到现在的发展轨迹和建设状况。园内铺装也是采用古厝红砖铺就，弧形起伏，让人联想到场地与海之间的关联。在这里，设计者充分运用了红砖这一具有浓郁闽南传统建筑特色的材料，不仅铺满地面，还拼制出了船形花池、树池，成为天然的坐凳，营造出浓浓的闽南风情。园内铺设的不同

图3–57　新中式建筑设计

时期关于该园的地图石刻，则为这个场地增加了厚重感。红砖汲取了中国传统文化、闽越文化和海洋文化的精华，是闽南文化的重要物质体现。

具体的建筑组合及布局形态应轻盈通透，与公园内部的环境相协调、统一。建筑物、构筑物的布局要处理好与可能设计的地形、水形及其他景点的关系。若公园以山为中心，根据人视觉离心、扩散的特点，建筑物、构筑物应呈外向布局形式，也就是使建筑物背向山而面朝外，这样可以展现建筑物生动活泼的外观和参差错落的外轮廓线，从而创造优越的景观条件；若公园以水为中心，建筑物、构筑物应呈内向布局形式，也就是使建筑物面向水而背朝外。例如重庆市江山樾社区公园的中心为湖区，场地中的建筑——社区活动中心面向湖面而设。一系列以花为主题的灯光装置、与红色雕塑柱群结合的花瓣音乐廊架也紧邻湖面设置，有的面向湖面，有的设在湖面上。一系列景观布局形成了以湖面为中心的景观轴线，这里不仅仅是居住社区，更是风景美丽的理想园地。

此外，建筑布置要注意以整体的自然环境为背景，再点缀上若干个风景点，这样既有衬托，又有重点，便可以形成一幅幅优美动人的图画。位于自然地块附近的公园应与自然环境和谐统一，打造与自然景观相衔接的开放性公园。园中建筑物需要靠通透性来实现人工与自然环境界面两侧的渗透与交流，使各个地块不至于相互独立封闭。不宜采用连续界面的建筑组合形式，而要适当地打破，各个建筑有自己的组合方式。通过建筑及建筑组合之间视线、行为的渗透积极串联公园与外部的自然环境两个地块；将建筑底层架空或者附加透明的材质，使其在视线上通透。例如在陕西省西安市秦岭国家植物园的插头崖游客中心，设计者对原有建筑进行改造，在体块上进行拆分组合，形成合理的空间结构。通过对建筑的部分架空，开辟出丰富的流线，串联起整个场地，建筑一层采用的透明玻璃幕墙让立面看起来明亮通透，极大地减少了建筑对游客的视线阻碍。通过选择位置、化整为零的手段，使建筑以聚落的形态融入自然环境，同时也使其成为游人欣赏自然风景的媒介。

6. 小品设计

（1）雕塑

雕塑指用各种可塑的材料（如石膏、树脂、黏土等）或可雕、可刻的材料（如木材、石头、金属、塑料等），创造出具有一定空间的可视、可触的艺术空间形象。园林雕塑是具有独特环境效应的造型艺术，有表现园林意境、点缀装饰风景、丰富游览内容的作用，具有纪念性、主题性、标志性、装饰性等功能意义。雕塑大致可以分为四类：纪念性雕塑、主题性雕塑、标志性雕塑、装饰性雕塑。

在现代设计中，景观雕塑更多放置于公共空间的中心景区或视线通廊的焦点处，雕塑本身与环境产生密切的关系，两者相互关联、相互影响。雕塑造型不应过分求新、求奇，而更应该注重与环境的和谐统一。当我们在设计景观雕塑时可以从以下几方面来考虑：第一，雕塑与公园所在地的城市风貌、文化内涵是否协调；第二，雕塑在造型、尺度、材质、色彩上是否与环境相适应；第三，雕塑创意是否对景观产生影响，使人对景观的区域性形成更深刻的印象。雕塑矗立在环境之中，艺术与环境之间形成互动关系，孕育出清新的视觉空间。只有雕塑与环境结合，放射出其他艺术无法替代的独特的艺术魅力，才能创造一种真正属于现代的环境文化。

我国公园中比较有名的雕塑作品有上海市中山公园四不像雕塑、北京市奥林匹克公园中意为“尖峰”的Spiky雕塑等。广东省广州市越秀公园的“五羊雕塑” 建于1959年，由著名雕塑家尹积昌等根据五羊传说而创作。该雕像连基座高11 m， 共用130余块花岗石雕刻而成。体积约为53 m^3，仅主羊头部一块石料，质量就在2 000 kg以上。五羊大小不一，主羊头部高高竖起，口中衔穗，回眸微笑，探视人间，其余四只羊，环绕其身，或耍戏，或吃草，还有羊羔在吸吮母羊的乳汁。五羊姿态各异，造型优美，栩栩如生，情趣横溢，令人流连忘返，浮想联翩。

坐落于山东省青岛市五四广场上的主体雕塑“五月的风”， 以螺旋上升的风的造型和火红的色彩，充分体现了五四运动反帝反封建的爱国主义基调和张扬腾升的民族力量。它高达30 m， 直径为27 m，质量超过500 t，为中国最大的钢质城市雕塑。它以洗练的手法、简洁的线条和厚重的质感，表现出腾空而起的“劲风”形象，给人以“力”的震撼。

此外，雕塑的衍生形式——艺术装置，作为一种前卫的艺术形式也占据着越来越重要的位置，它是“特定时空环境+作品元素+要阐述的情感态度”的综合艺术展示形式，其无拘无束的创作形式使得创作者能更好地将自己的艺术理念、情感态度融入作品中。与雕塑相比，艺术装置除了供游客欣赏外，更注重与游客的互动性和装置本身的趣味性。

例如联合国总部装置——“最好的武器”（图3-58），装置位于联合国总部广场的主要入口处，毗邻著名的非暴力雕塑——“打结的枪”（全球非暴力的象征）。“最好的武器”坐落在这样一个非同寻常的位置，被设计成一个最低点与地面相交的弧形长凳，整个装置长6.5 m，其柔和的曲线将坐在上面的人的距离拉近以鼓励对话。装置由阳极电镀铝制成，经过阳极处理后，还具有高耐腐蚀性，提供防刮擦保护。公共艺术装置与场地环境相契合，“最好的武器”与“打结的枪”共同肩负着宣扬和平与对话的使命。

又比如美国纽约的互动性公共装置“脉冲”（图3-59），这个沉浸式的“城市乐器”为游客带来了别开生面的互动体验。这些游乐场风格玩具的长度从16英尺至24英尺（4.9～7.3 m）不等。当游客乘坐时，会触发装置内的声光设施，使装置更亮并发出音乐。跷跷板不断变化，构成了动态的光感和声带，激活并点亮了区内的百老汇人行广场。

图3-58 联合国总部艺术雕塑

图3-59 “脉冲”装置

（2）坐凳

公园中制作圆凳的材料有钢筋混凝土、石、陶瓷、木、铁等。金属材料导热性较好，不适合夏季就座，座面可以使用木材或皮质材料；条石凳，坚固耐久，朴素大方，便于就地取材；钢筋混凝土磨石子面，坚固耐久，制作方便，造型轻巧，维修费用低；木材属于暖色系，亲和力强，塑造方便，舒适，触感好，但不耐磨，易旧。此外，坐凳也可以被打造成各种形状和色彩，作为一个公共艺术装置，点缀风景、增加趣味性（图3-60）。

座椅的尺寸应符合人体工程学。对于成年人来说，标准坐凳高度一般在40～45 cm，座椅的靠背应高于座面38 cm，靠背与座面夹角为95°～105°。带扶手的座椅，扶手应高于座面15～23 cm。座面下应留有足够的空间以便收腿和脚；种植池座椅，将种植池和座椅结合，不仅能节省公园中的非硬质空间，还能使公园中的座椅以种植池的形式出现，能利用种植池内的大树形成的遮阴环境，在下方乘凉庇荫（图3-61）；台阶座椅，现代公园中常设计观演舞台以满足人们开展文化娱乐活动的需要。一般会在舞台周围利用地形设计台阶座椅，台阶高度常为30 cm，并辅以木质铺面。有时还可利用滑槽等构造设计成可移动的座面。

图3-60　坐凳形式多样化

图3-61　种植池座椅

（3）标识系统

导识牌是公园中不可或缺的部分，包括：①指示牌：在公园中标有公园地图及景点位置的设施，为游客指明方向。②警告牌：通常用于深水区、悬崖等地方，给游客一些安全性的警示。③管理牌：常见的如园入口处的管理规则、开放时间以及请游客勿踏草坪、勿攀折花木的牌子等。杭州市临安青山湖环湖绿道包含的导视牌形式各异，与设计主题相关的设计元素如单车运动、生态保护等也体现在标识系统中，作为设计符号串联整个景区（图3-62）。

标识系统也可以根据功能分为一级、二级、三级标识系统，如图3-63所示。

图3-62　杭州市临安青山湖环湖绿道标识系统

一级标识系统——分布于口袋公园的主要入口处，明显地指示出入口的位置。

二级标识系统——分布于整个公园内的主要人行系统，岔口旁边，为市民提供所在方位及其指示方向。

三级标识系统——分布于专类植物区，主要是用于介绍相关动植物知识，使人们在亲近大自然的同时对自然界有更深入的了解。

图3-63　场地标识系统

三、节点设计

景观节点是一个区域或环境内视线汇聚的地方，也就是在整个景观轴线上较突出的景观。如大型广场的中心雕塑就是景观节点，作用在于吸引周边的视线，从而突出该点的景观效果。景观节点在整个景观设计中往往可以起到画龙点睛的作用。景观设计想要让人流连忘返，引人注目的亮点设计必不可少，它可以让景观瞬间变得生动起来。它可以是完美的互动体验，也可以是奇特的材料表现，甚至可以是铺装上的一个小小的萌点。

很多游乐景观都带有互动的性质，如翻板景墙在不同使用者的创造下会产生不同的面貌，完美调和景观与人的互动。设计需要靠亮点来征服观者，它需要吸引眼球，给人们与众不同的惊喜，那些互动性更强的设计往往更受欢迎。如动力风雕塑家安东尼·豪（Anthony Howe）的系列作品，随风舞动的装置在景观中如同活着的精灵，给人生动的景观感受。

金属、石材、玻璃等这些常见的材料，运用到极致也是提升趣味，使之成为点睛之笔的一个途径。如重庆市万科17英里小区入口宛如时空隧道，黑色镜面钢和灯光交相辉映，恍如穿越时空。金属、玻璃、石材等材质可以烘托出景观的气质，不同的造型、不同的排列方式，都可以营造出不同的趣味。

景观节点一般根据功能分区或设计主题进行罗列（图3–64），通常以局部效果图展示设计构思，并配以局部平面图。

功能分区

共享交流区
以稀树草坪为主，提供休闲交流的开敞空间。
节点：阳光草坪。

儿童游乐及康体健身区
以游乐设施及地形草坡为主，提供特色的活动体验。
节点：沙坑、树屋、主题设施、攀爬墙、滑梯、互动水景、康体设施。

工业文化区
保留场地工业厂房桁架结构，营造文化景观记忆场所。
节点：主题雕塑、工业桁架、草本植物园。

入口迎宾区
兼具人流集散和形象展示的作用，设计停留等候和交流的空间。
节点：静面水景、树阵广场、多功能草坪、水上廊架、入口花园等。

休闲观赏区
结合游客中心设置，以休闲等待与观赏为主。
节点：服务驿站、动感天地、环形树阵。

滨水活动区
以柳堤和亲水栈道为主。
节点：柳堤杉林、亲水栈道、亲水眺望平台。

水上游乐区
结合水上游乐活动设置。
节点：亲水码头、亲水平台、音乐喷泉。

停车场
结合出入口设置两处。
节点：北停车场、东停车场。

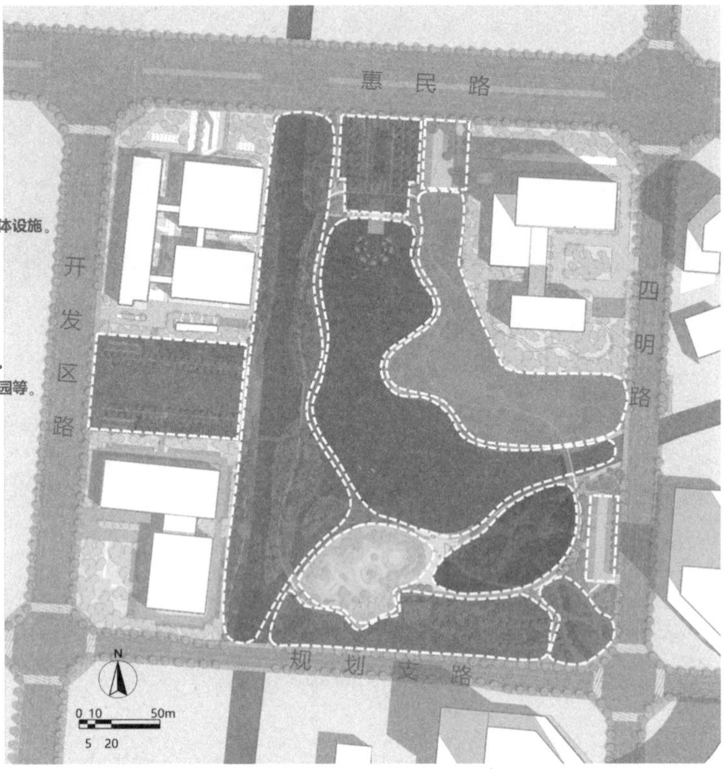

图3–64　以功能分区细分节点

1. 文化节点

案例1：大园井文化园——赵家弄商业街文化节点（图3-65）

民国时期，赵家弄算是浙江省杭州市临平区最为繁盛的街区。民信局、邬家茶店、爆竹店和赵家弄尽头的应家大院，无一不显示出赵家弄的热闹和繁华。因此，设计以喧闹、动感、欢快的弄堂文化为背景，依据弄堂市集的历史典故，整体采用灰色调的古朴风格，融合多元化的铺装元素，绿化配置大型乔木，形成林荫空间，展现临平水清清、树成荫、花满枝的景象，成为故乡的一道美丽的风景线。

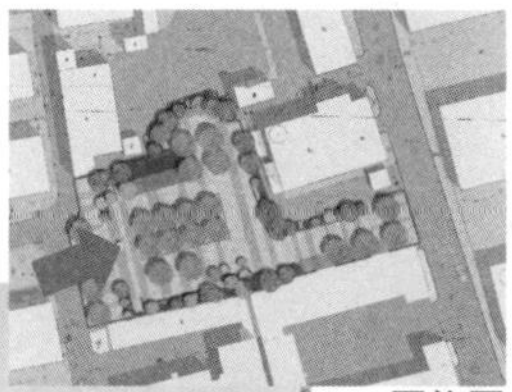
区位图

效果图

图3-65　赵家弄商业街文化节点

案例2：洋园春晓园名人文化节点（图3–66）

“洋园春晓” 是民国年间的“临平十景” 之一，洋园系清乾隆时大学士孙士毅的私家花园。内部有亭台楼榭，假山水池，花木扶疏。每逢春季，花开满院，花香四溢。该节点主要是为了还原私家园林“洋园春晓”风光。园内曲径探幽，风光秀美，巧妙地将自然美和人工美结合为一体。展现园林风光的同时，也提供了市民休憩的场所。亭廊坐凳、铺地花街、太湖石景等与江南古典园林特有的风情融合为一体。

图3–66 洋园春晓园名人文化节点

2. 生态节点

案例1：浙江省嘉善县经开中央公园生态节点（图3–67）

公园设计主题为“科创活力中央公园”，尊重场地文脉，保留并重现场地的工业遗迹，营造富有科技创新特色的、有活力的中央公园。设计融合自然生态与文化艺术，绿化景观以乔木、草坪为主，合理布置亚乔和花灌木，并对原有乔木加以保留和利用，形成了“杉林柳堤、湖滨彩叶、繁花浪漫”的丰富植物景观。另外，结合科创主题和场地记忆，通过工业元素的保留和展示及公共艺术雕塑的设置丰富公园内涵。节点有滨水活动区的杉林栈道和湖心亭［图3–67（a）（b）］、入口迎宾区的入口花园［图3–67（c）］、共享交流区的阳光草坪［图3–67（d）］等。

（a）杉林栈道

（b）湖心亭

（c）入口花园

（d）阳光草坪

图3-67　嘉善县经开中央公园生态节点设计

案例2：江苏省盐城市南海公园生态节点

公园作为“盐城南部之心”，聚集城市商业、文化、游憩等核心功能。公园定位为展示盐城城市魅力的重要窗口和新城区的绿色客厅。“生态森林绿洲”景区（图3-68）以自然生态、绿色为主题，融合运动、健康等元素，为亲子家庭及城市居民提供一个周末欢聚、亲子共同成长的户外空间。景区功能组成包括家庭聚会、散步踏青、健身康体和趣味互动等。节点有艺术广场［图3-68（a）］、童趣乐园［图3-68（b）］、阶梯广场［图3-68（c）］、休闲广场［图3-68（d）］等，节点结合自然起伏的地形、丰富的植物配置以及趣味的公共艺术装置，融合自然与人工，在这里人们可以感受到鸟语花香。

（a）艺术广场（平面、立面、效果图）

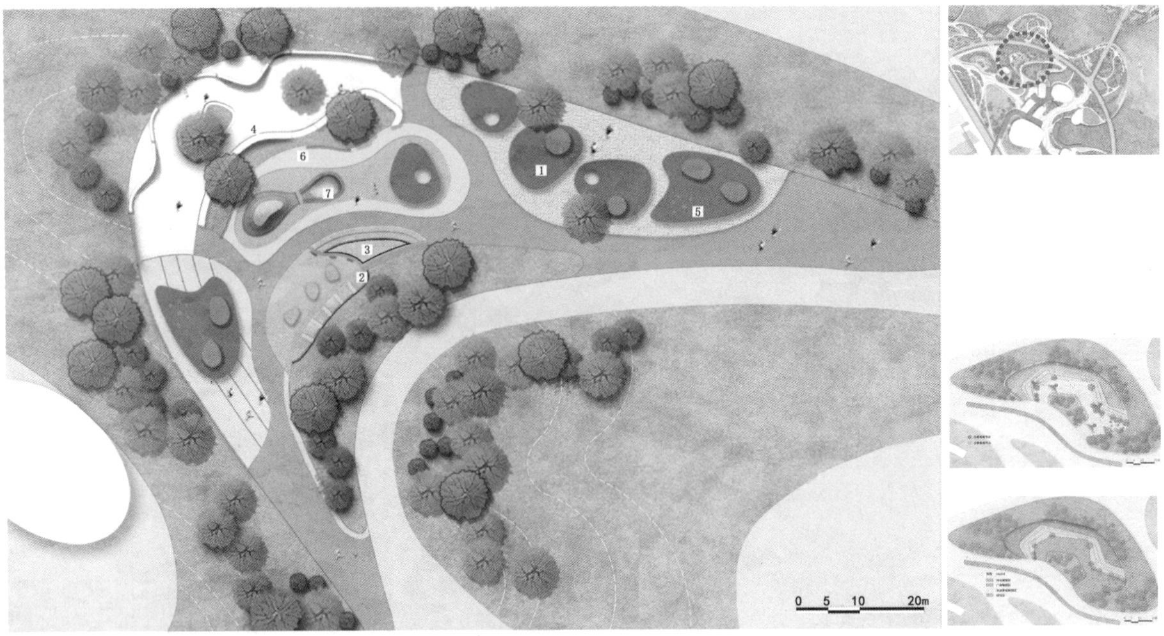

（b）童趣乐园（平面）

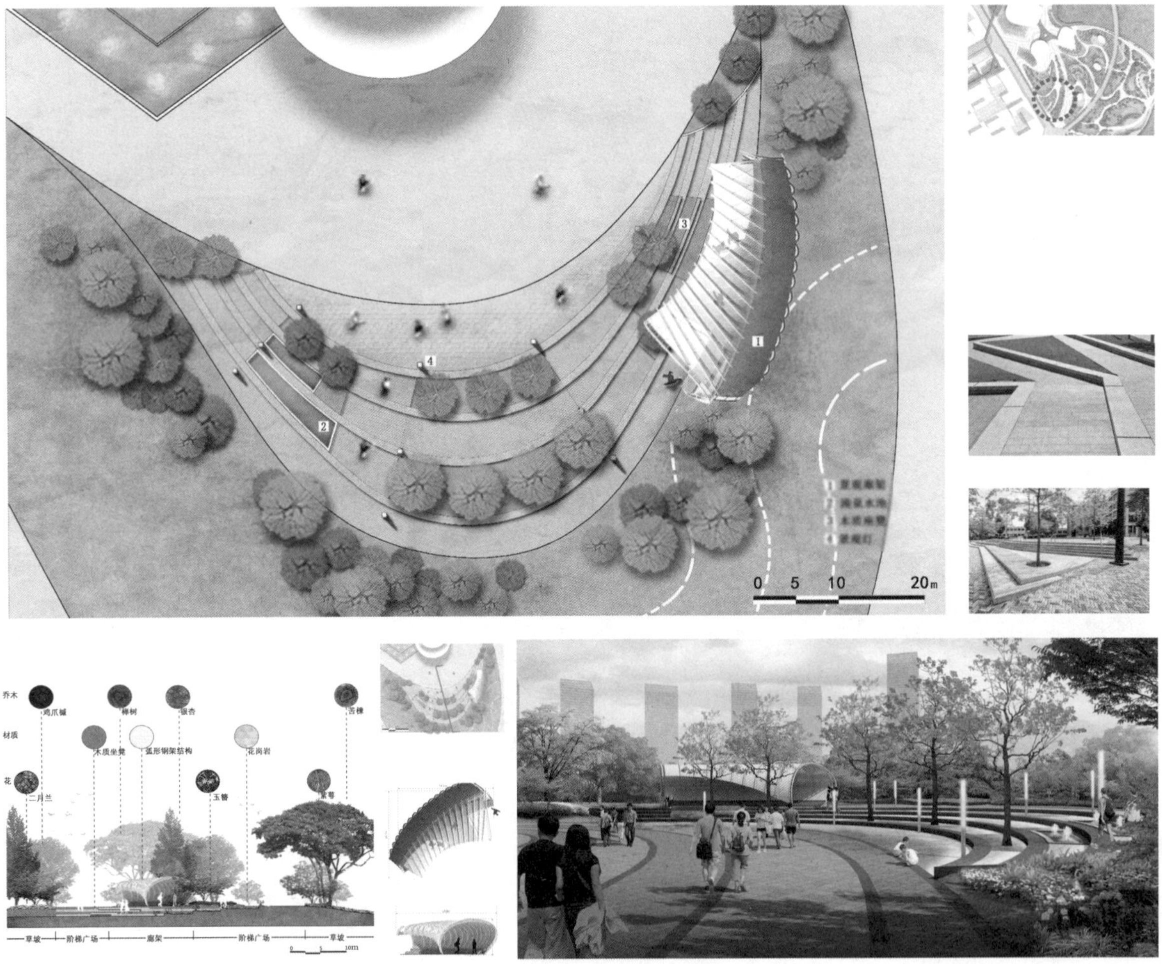

（c）阶梯广场（平面、立面、效果图）

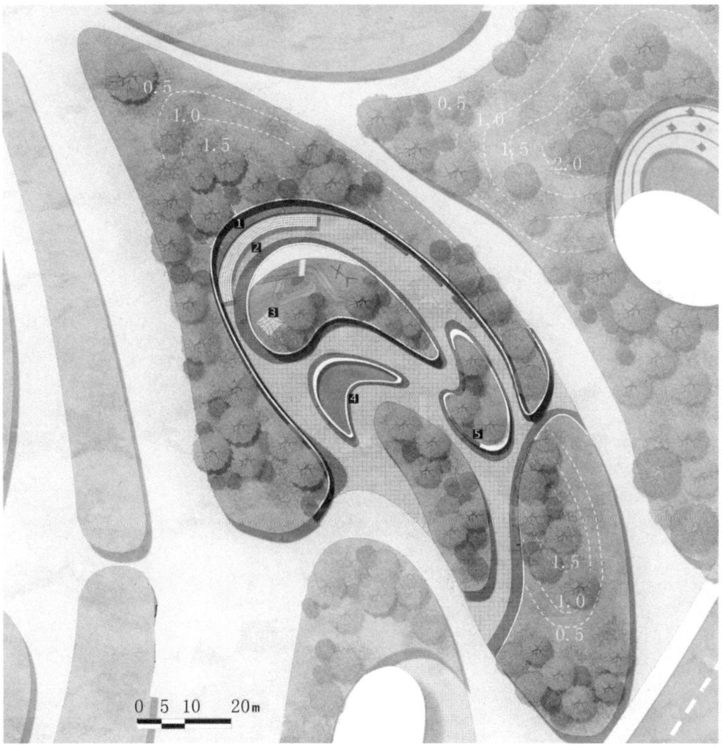

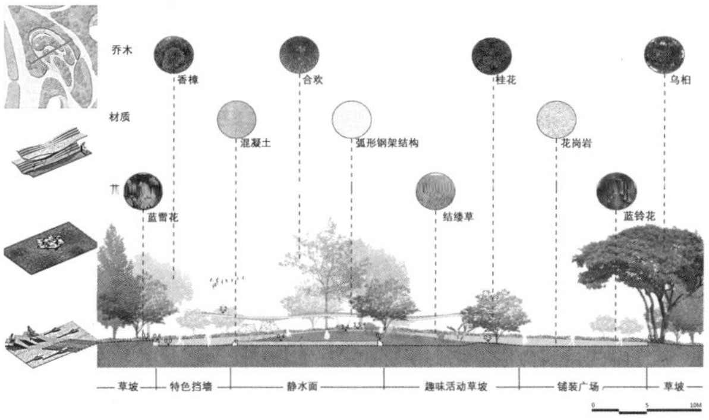

（d）休闲广场（平面、立面、效果图）

图3-68　“生态森林绿洲”景区

第五节　总结与思考

一、总结

按照时间先后顺序，公园设计共有项目背景分析、场地现状分析、设计思路整理和方案设计4个具体步骤：

【项目背景分析】公园设计前期应先基于宏观视角，全面了解公园所在城市的背景、区位交通、上位规划等。

【场地现状分析】基于微观视角展开公园范围及附近的现状分析，主要从自然环境、基础设施、文化、地形、植被、建筑物、构筑物、水体和景观视线等多方面展开。

【设计思路整理】在前期分析基础之上，公园的设计思路围绕“公园要呈现怎样的景观”展开，调查公园周边潜在使用人群的行为特征和游憩偏好，明确公园定位属于居民日常游憩型公园，或者是提供更多休闲娱乐活动的综合游憩型公园，抑或是提供特殊游览活动的拓展游憩型公园。以便更进一步确定公园设计是以展现城市地域文化特色为主题，还是以自然生态环境为主题，或其他主题。并结合主题提炼公园设计元素，从整体上形成统一的设计风格，提升公园的可识别性，增强居民对公园的认同感。

【方案设计】方案设计是前期分析和设计思路在图纸上的具体体现。在进行公园总体布局时应合理安排公园内外交通衔接、打造景观视线、划分功能分区，并明确公园整体布局属于自然式还是规则式或混合式，完成方案设计草图。之后，继续深化公园专项设计，具体包括道路、地形、水体、植物、建筑和小品等设计。并在中心景点或公园视线汇聚的地方，打造富有趣味性、互动性和标识性的景观节点。最后公园设计成果形式为方案平面图、立面图（剖面图）、节点效果图和分析图若干张。

二、思考

（1）面对错综复杂的周边环境，如何把握项目相关的要点？如何从细微处找到设计突破口？

（2）场地现状调研和场地分析有何区别？

（3）如何明确公园使用人群的游憩偏好和活动需求？

（4）以自己熟悉的一个公园为例，思考：公园定位为日常游憩型、综合游憩型还是拓展游憩型公园？公园的主题是什么？如何在设计元素中体现？

（5）确定公园总体布局时，应着重考虑哪几个方面？

（6）举例说明所在城市2～3个公园的整体布局形式属于自然式、规则式还是混合式，并说明理由。

（7）公园各功能分区（科普文化娱乐区、体育运动区、儿童活动区、游览休息区、公园管理区）的设计要点有哪些？

（8）公园专项设计包括哪几个方面？

第四章　公园设计教学案例

扫码阅读本章，获取高清
教学案例

参考文献

[1] 孟刚，李岚，李瑞冬，等．城市公园设计[M]．2版．上海：同济大学出版社，2005.

[2] 封云，林磊．公园绿地规划设计[M]．2版．北京：中国林业出版社，2004.

[3] 刘骏，蒲蔚然．城市绿地系统规划与设计[M]．北京：中国建筑工业出版社，2004.

[4] 同济大学建筑系园林教研室．公园规划与建筑图集[M]．北京：中国建筑工业出版社，1986.

[5] 贾建中．城市绿地规划设计[M]．北京：中国林业出版社，2001.

[6] 胡长龙．园林规划设计[M]．北京：中国农业出版社，1995.

[7] 郑强，卢圣．城市园林绿地规划[M]．修订版．北京：气象出版社，2001.

[8] 唐学山，李雄，曹礼昆．园林设计[M]．北京：中国林业出版社，1997.

[9] 张洋，夏舫，李长霖．智慧公园建设框架构建研究——以北京海淀公园智慧化改造为例[J]．风景园林，2020，27（5）：78–87.

[10] 庄晓林，段玉侠，金荷仙．城市风景园林小气候研究进展[J]．中国园林，2017，33（4）：23–28.

[11] 马锦义．公园规划设计[M]．北京：中国农业大学出版社，2018.

[12] 张天洁，岳阳．西方“景观公正”研究的简述及展望，1998—2018[J]．中国园林，2019，35（5）：5–12.

[13] 孙道胜，柴彦威，张艳．社区生活圈的界定与测度：以北京清河地区为例[J]．城市发展研究，2016，23（9）：1–9.

[14] 杜伊，金云峰．社区生活圈的公共开放空间绩效研究——以上海市中心城区为例[J]．现代城市研究，2018（5）：101–108.

[15] 李云超，王忠杰，刘纾萌，等．专类公园发展趋势及规划建设应对的思考[J]．中国园林，2020，36（2）：35–40.

[16] 钟惠城．城市儿童公共空间——广州俄罗斯方块商业广场景观设计[J]．景观设计学，2020，8（2）：122–131.

后 记

吴晓华

2023年12月

本书从公园设计的概述、规范与标准、内容以及公园设计教学案例四个方面对公园设计进行了较为全面完整的叙述。表达的内容不一定成熟，有待深入。但希望读者能通过对本书的阅读，理解公园设计的内容和方法，并获得一些启示。

初学者应有信心，只要掌握公园设计的基本理论和方法，结合不同的功能、主题和地理环境条件，因地制宜，勤于思考，反复推敲，敢于创新，就能做出令人满意的公园设计，使自己的设计具有完善的使用价值和较高的艺术质量。

公园设计是一门需要整体思考的学问，在设计中要树立“先规划，后设计”的思维模式。对同时追求创造意境和实用功能的公园设计来说，园林内容的美和图纸上的构图美应该一致。在平面图纸中不仅要重视平面线形的美观，更要注意实际空间的合理性，绝不能草率了事。“意在笔先”是设计的前提和原则，首先明确公园的主题功能；再整体规划山水地形，合理组织空间与内部交通体系；最后对场地内具体功能节点进行设计，使之与公园的主题思想和山水骨架相匹配。只有这样，才能设计出既富有艺术性，又能满足实用要求的公园。

尺度是否恰当不仅影响各景观元素形象的真实性和空间环境的艺术感染力，而且也会间接影响物质功能的合理性。创作作品时，如果尺度上出现差错，则任凭立意再好也都无济于事。对此，设计者务必给予足够的重视。设计时不仅要想象出各种景物的具体形象，同时还需要有尺度大小的概念。画图时既要注意景物空间形体、轮廓的比例，同时也要根据具体的环境条件和意图打造的景观序列推敲对比尺度。

艺术源于生活，公园设计也不例外。公园中的山水骨架、建筑小品、道路铺装、花木山石等都需要掌握形态特征才能落实到设计图纸上。作为设计者，我们可以到真实的公园中去体验环境给我们带来的具体感受，同时加强积累，将优秀案例内化于心。只有这样才能更好地把握公园设计中以人为本的实用性原则，从而设计出能给游人带来良好游览体验的公园。

公园设计作为风景园林学科的重要组成部分，有着前人大量的经验和实例可供参考，可以在模仿中掌握规律与方法。同时，继承传统，沿着前人的足迹，继续开拓新的领域，这永远是我们后人的使命，让我们共同努力吧！